从基础

朱著显 郑敦庄 编著

Go 语言

到中台微服务实战开发

中国水利水电出版社

www.waterpub.com.cn

·北京·

内 容 提 要

本书从 Go 语言的基础讲起，包含基本语、并发控制、环境搭建和发布，使读者对 Go 有一个基本的认识。通过商品管理项目实战开发，掌握 Go 项目的基本架构和分层设计，了解各个模块之间如何相互调用，前后端如何认证调取 API 展示和提交数据。然后，通过一个简单的 VUE 前端演示数据交互，讲解整个系统开发的流程。同时，也讲解了如何发布运行到 Docker 里。后面深入说明从单体开发到中台的概念，通过微服务划分，最大化利用公共微服务，减少重复的开发；通过实现微服务的方式即 K8S 和 API 网关来说明如何实现服务治理。最后一章概括地分析了相对热门的区块链项目，使读者对区块链有一个基本的认识。

本书适合对 Go 语言感兴趣的高校学生和老师，以及对微服务中台、K8S 和区块链理解不透彻的开发者和想了解中台微服务相关的管理人员。

图书在版编目（CIP）数据

Go 语言从基础到中台微服务实战开发 / 朱著显，郑
敦庄编著 . —北京：中国水利水电出版社 , 2021.6

ISBN 978-7-5170-9546-0

Ⅰ . ① G… Ⅱ . ①朱… ②郑… Ⅲ . ①程序语言—程序
设计 Ⅳ . ① TP312

中国版本图书馆 CIP 数据核字 (2021) 第 072887 号

书　　名	Go 语言从基础到中台微服务实战开发
	Go YUYAN CONG JICHU DAO ZHONGTAI WEI FUWU SHIZHAN KAIFA
作　　者	朱著显　郑敦庄　编著
出版发行	中国水利水电出版社
	（北京市海淀区玉渊潭南路 1 号 D 座 100038）
	网址：www.waterpub.com.cn
	E-mail：zhiboshangshu@163.com
	电话：（010）62572966-2205/2266/2201（营销中心）
经　　售	北京科水图书销售中心（零售）
	电话：（010）88383994、63202643、68545874
	全国各地新华书店和相关出版物销售网点
排　　版	北京智博尚书文化传媒有限公司
印　　刷	河北文福旺印刷有限公司
规　　格	190mm×235mm　16 开本　18 印张　393 千字
版　　次	2021 年 6 月第 1 版　2021 年 6 月第 1 次印刷
印　　数	0001—5000 册
定　　价	79.00 元

前　言

本书从 Go 开发基础开始讲起，介绍了 Go 的基本语法、数据类型、Goroutines、Channel、HTTP、HTTPS、TCP/UDP 服务、Go 并发、Go 数据库操作和编译发布，从开发到发布的整个流程，不但介绍了基本的语法，还讲解了 Go 并发的底层原理。别小看这些原理，大公司很重视这些原理，在面试中也经常会被问到很多与这方面知识相关的问题。掌握了底层数据结构和调度原理，才有能力"造轮子"和创造新的语言工具和新的有竞争力的产品，而不是停留在"熟练工"的基础上。

本书通过一个商品管理系统来学以致用，介绍了一套开发的基本方法，如何进行封装，如何进行前后端交互；还介绍了 VUE 前端的一些基本内容，了解其基本原理。同时，也介绍了如何将生成的编译文件生成 Docker 镜像，让系统运行在 Docker 里面。

书中也介绍了目前比较混乱不清的中台微服务和服务网格，其实也只是换个概念进行统筹划分而已，内部还是我们熟悉的技术基础，在被人问到什么是微服务、什么是服务网格、什么是服务治理时，可以回答出来不至于一头雾水。

微服务离不开代理，书中详细介绍了 HTTP、HTTPS、TCP 代理的实现，对理解微服务网关核心有帮助。通过微服务 Go Micro Go kit，介绍了怎么用 Go——区别于网关的另一种方法，全新实现微服务。

Docker 和 K8S 是目前比较流行的云原生技术，可以颠覆传统的机器集群部署，自动扩展开并虚拟化。K8S 内部是一个强大复杂的网络架构，像细胞一样可以不断分裂、灭亡、重生，有很强的自我繁殖和生存能力。书中介绍了 K8S 的 ingress → service → pod 的网络路由过程和底层的基本原理，介绍了 deployment 部署和 yaml service 的一些关键概念，对理解整个 K8S 系统有很大的帮助。

Go 语言如此热门当然离不开区块链，书中介绍了智能合约、公链和钱包等概念，介绍了以太坊 Fabric 等开源工程，对理解和从事区块链开发工作有帮助和指导作用。

本书第 1~9 章由朱著显老师编写，第 10 章由郑敦庄老师编写。书中的源码下载链接为 https://github.com/zzxap/gobook。

作　者

目　录

第二部分 Go 实战和中台微服务

第一部分

── **Go 基础** ──

第 1 章　Go 语言开发基础

1.1　Go 语言的优势

2007 年，谷歌首席软件工程师 Rob Pike 联合 Robert Griesemer 和 Ken Thompson 两位业界高手，决定创造一种新语言来取代 C++，那就是 Golang。

Go 语言的开发阵营可以说是空前强大，主要成员中不乏计算机软件界的历史性人物，他们对计算机软件的发展影响深远。其中，Ken Thompson 来自贝尔实验室，设计了 B 语言，创立了 Unix 操作系统（最初使用 B 语言实现），随后在 Unix 开发过程中，又和 Dennis Ritchie 一同设计了 C 语言，继而使用 C 语言重构了 Unix 操作系统。Dennis Ritchie 和 Ken Thompson 被称为 Unix 和 C 语言之父，并于 1983 年共同被授予图灵奖，以表彰他们对计算机软件发展所做的杰出贡献。另一位来自贝尔实验室的 Rob Pike 是 Unix 小组的重要成员，发明了 Limbo 语言，并且和 Ken Thompson 共同设计了 UTF-8 编码，Ken 是《Unix 编程环境》和《编程实践》的作者之一。

Go 语言容易上手，解决了并发编程和提高底层应用开发效率的痛点。有谷歌这家世界一流的技术公司在背后支撑，其热门应用是 Docker，而 Docker 引领了新一代云技术。Go 语言的未来是不可限量的。目前，Go 语言所流行的主要项目应该是中间层项目，即 PaaS 项目，比如一些消息缓存中间件、服务发现、服务代理、控制系统、Agent 和日志收集等，没有复杂的业务场景，也到不了特别底层（如操作系统）的中间平台层的软件项目或工具。用 Go 语言来做一些业务系统的后台 RESTful API 也是非常不错的选择。

Go 语言有如下优点：

（1）Go 语言易学习。Go 语言语法简单，没有过多的继承和多态。

（2）简单并发编程。在要支持并发的函数前加一个 Go 即可，语言层面支持并发控制，比如 go dosomething()。

（3）丰富的标准库。几行代码就能写一个性能优越的 http server 或 tcp server。

（4）性能优越。同样配置的机器能支持更高的并发数量，消耗更低的资源。不需要安装很多依赖包。

（5）可在语言层面定义源代码的格式化。将编好的代码保存后，该代码会自动对齐，自动删除多余的空行，变成统一风格，如下所示：

```go
package main

import (
    "fmt"
    "os"
)

func main() {
    f := createFile("/tmp/defer.txt")
    defer closeFile(f)
    writeFile(f)
}

func createFile(p string) *os.File {
    fmt.Println("creating")
    f, err := os.Create(p)
    if err != nil {
        panic(err)
    }
    return f
}
```

此处无须在中括号处手动另起一行，只需单击保存，全部代码会被格式化成上面显示的风格。

（6）标准化的测试框架。Go 语言拥有一套单元测试和性能测试系统，仅需要添加很少的代码就可以快速测试一段需求代码。但是要记得使用 Defer 声明，防止忘记清理。

```
conn:=...
defer conn.Close()
```

Close 不会立即被调用。不管后面的代码流程如何，这个 conn 都会被自动关闭。

（7）丰富的第三方库和应用。例如，区块链 Fabric 以太坊开发基于 Fabric，以太坊的 Go 实现 go-ethereum，比特币的 Go 实现 btcd，以及大名鼎鼎的 Docker +K8S。

1.1.1　Go 语言开发工具介绍

比较流行的 Go 语言开发工具包含 Vscode（需安装插件、需配置、微软出品）、Goland（收费）、LiteIDE（免费，使用过程中有时代码提示会失效）。

1.1.2　Go 语言的特点

● 定义变量用 ":=" 不需要指定 int、string 或 float。例如，i:=1 str:=" 字符 "，f:=1.22。i 会被自动识别为 int；str 为字符串；f 为 float。

● for 循环不需要括号。例如，for i:=0;i<10;i++ {。

● 每一行后面不需要分号；如果打了分号，当单击保存后，分号会自动消失并自动格式化；

单击保存后，同类型的声明将自动左对齐，并删除多余的空行；中括号在每一行的最后，不是另起一行。

● 函数声明用 func。

● 公共变量和公共函数名称用大写字母开头，私有变量和私有函数用小写字母开头。

● 开启新的协程用"go + 函数名"，比如 go download()。假如 download 是一个下载任务，会在子协程里下载，可以用 WaitGroup 或 channel 通知下载完毕。

● Go 函数可以返回多个值，代码如下：

```
func getSomethine() (string, int, float) {
return "aa", 1, 1.22
}
```

当返回三个值时，怎么接受函数的返回值呢？如下所示：

```
x, y, z := getSomethine();
x, y, z 的值分别是aa、1、1.22。
```

Go 没有多态和继承，可以通过 interface 实现类似 C++ 中的多态特性。

● 错误处理。

在 Go 语言中没有 try...catch...finally 机制，其用 defer panic recover 来处理错误。Go 中可以抛出一个 panic 异常，然后在 defer 中通过 recover（内置函数）捕获这个异常，然后进行处理。使用 defer 和 recover 来捕获和处理异常，代码如下：

```
func testRecover() {
// 全用 defer + recover 来捕获和处理异常
defer func() {
err := recover()          //recover 内置函数可以捕获异常
if err != nil {          //nil是err的零值
fmt.Println("err=", err)
//runtime error: index out of range [3] with length 3
}
}()                      // 匿名函数的调用方式一：func(){}()
arr := []string{"a", "b", "c"}
str := arr[3]
fmt.Println("str=", str)
}
```

1.2 Go 语言的应用现状

Go 目前在区块链、容器编排、中间件和高并发领域应用广泛。大名鼎鼎的 Docker 用 Go 实现，业界最为火爆的容器编排管理系统 kubernetes 用 Go 实现，之后的 Docker Swarm 用 Go 实现。除此之外，还有各种有名的项目如 etcd、consul 和 flannel 各种微服务系统 istio Traefik 等均使用 Go 实现。各大知名公司已经有了不少关于 Go 语言相关的职位，可以去各大招聘网搜索一下，而且新项目采取 Go 开发的可能性也非常大。

Go 语言的开源项目非常多，而且绝大部分和云计算相关，这里大致把它分为几类：①与容器相关；②与微服务相关；③数据库类。这三类都是基础设施，以前大家可能认为基础设施就是操作系统、数据库，但今天的基础设施是什么？数据库和 OS 依然是基础设施，还有云服务 IaaS 和 PaaS。

可以看一下数据库，以前它们都是用 C 语言、C++ 写的（绝大部分最有广泛影响的都是用 C 写的），但此刻能想到的数据库并不多。现在，可以看到用 Go 写的数据库有很多，比如有键值对的，有时间序列的，还有 cockrouchdb 等。所以，如今看到关于基础设施的定义已经发生了变化，实现基础设施最好的方式也发生了变化，不再是以前大家所认为的那样，系统级的东西一定是 C 语言开发的，而今天绝大部分新兴的云基础设施（甚至可以认为几乎全部都是）都是 Go 语言开发的。

那么，Go 语言到底发展得怎么样呢？从 Go 的定位来讲，该语言一直关注于服务端开发，服务端开发和今天的主题"云计算时代"有着非常密切的关系，Go 想成为云计算时代的核心，成为大家最广泛使用的语言，从某种意义上来讲，它已经成功了。

1.3　搭建 Go 开发环境

1.3.1　Windows

下载最新 Windows 版的网址为 https://studygolang.com/dl。单击安装选一个安装目录后就会自动安装，然后打开命令行输入：go env，会显示配置好的环境。go version 查看 Go 版本，如图 1-1 所示。

其中 GOPATH 是工程目录，新建工程开发一般在这个目录，GOPATH 的目的是告知 Go，import 需要代码时去哪里查找，要修改 GOPATH 可以在电脑→属性→高级系统设置→环境变量修改 GOPATH 的值。

- go get：安装的包会默认下载到 GOPATH/src 下面。
- go build：编译当前项目。
- go run xxx.go：编译并执行 Go 程序。
- go install：编译并安装依赖。
- go env：查看 Go 的各个变量信息等。
- go version：查看当前机器 Go 的版本。

```
C:\Users\zzx>go env
set GO111MODULE=on
set GOARCH=amd64
set GOBIN=D:\Go\bin
set GOCACHE=C:\Users\zzx\AppData\Local\go-build
set GOENV=C:\Users\zzx\AppData\Roaming\go\env
set GOEXE=.exe
set GOFLAGS=
set GOHOSTARCH=amd64
set GOHOSTOS=windows
set GONOPROXY=
set GONOSUMDB=
set GOOS=windows
set GOPATH=D:\GoProject
set GOPRIVATE=
set GOPROXY=https://proxy.golang.org,direct
set GOROOT=D:\Go
set GOSUMDB=sum.golang.org
set GOTMPDIR=
set GOTOOLDIR=D:\Go\pkg\tool\windows_amd64
set GCCGO=gccgo
set AR=ar
set CC=gcc
set CXX=g++
set CGO_ENABLED=1
set GOMOD=NUL
set CGO_CFLAGS=-g -O2
set CGO_CPPFLAGS=
set CGO_CXXFLAGS=-g -O2
set CGO_FFLAGS=-g -O2
set CGO_LDFLAGS=-g -O2
set PKG_CONFIG=pkg-config
set GOGCCFLAGS=-m64 -mthreads -fmessage-length=0 -fdeb
ld -gno-record-gcc-switches

C:\Users\zzx>go version
go version go1.13.1 windows/amd64
```

图1-1　Go版本

1.3.2　Linux(centos) 开发环境搭建

执行命令：yum install go，就可以自动安装 Golang 的次新版本，但不是最新。安装完毕输入：
go env，如图 1-2 所示。

```
[root@k8s-node02 ~]# go env
GOARCH="amd64"
GOBIN=""
GOCACHE="/root/.cache/go-build"
GOEXE=""
GOFLAGS=""
GOHOSTARCH="amd64"
GOHOSTOS="linux"
GOOS="linux"
GOPATH="/home/workspace"
GOPROXY=""
GORACE=""
GOROOT="/usr/local/go"
GOTMPDIR=""
GOTOOLDIR="/usr/local/go/pkg/tool/linux_amd64"
GCCGO="gccgo"
CC="gcc"
CXX="g++"
CGO_ENABLED="1"
GOMOD="/dev/null"
CGO_CFLAGS="-g -O2"
CGO_CPPFLAGS=""
CGO_CXXFLAGS="-g -O2"
CGO_FFLAGS="-g -O2"
CGO_LDFLAGS="-g -O2"
PKG_CONFIG="pkg-config"
GOGCCFLAGS="-fPIC -m64 -pthread -fno-caret-diagn
[root@k8s-node02 ~]#
```

图1-2　输入go env 命令

此处要手动安装 Go 的最新版本。将源码包解压后直接放入 /usr/local 目录下，不用再次单击 make && make install。开箱：cd /usr/local/；下载：wget https://studygolang.com/dl/golang/go1.15.3.linux-amd64.tar.gz；解压：tar -C /usr/local/ -zxvf go1.15.3.linux-amd64.tar.gz；添加系统环境变量：Vim ~/.bash_profile。

加入以下语句：

export PATH=$PATH:/usr/local/go/bin

export GOROOT=/usr/local/go

export GOPATH=/user/local/gopath

esc：退出；wq：保存；source ~/.bash_profile：使更改生效。

其中 GOPATH 是开发工程目录。

验证安装

在 /user/local/gopath 目录下新建一个文件：helloworld.go。

在文件里输入以下程序：

```
package main
import (
    "fmt"
)
func main() {
    fmt.Println( "Hello world!" )
}
```

执行程序：

```
go run helloworld.go
```

如果输出“Hello world!”，说明 Go 安装成功。

1.3.3   Mac OS

打开链接 https://studygolang.com/dl，安装包下载网址为 https://studygolang.com/dl/golang/go1.15.3. darwin-amd64.pkg。

（1）安装 Go 语言开发包。

Mac OS 的 Go 语言开发包为“.pkg”格式，双击下载的安装包即可开始安装。

一直单击“继续”按钮即可，不再赘述。安装包默认安装在 /usr/local 目录下。

Go 的安装目录安装完成后，在终端运行 go version，如果显示类似下面的信息，表明安装成功。

go version...

（2）设置 GOPATH 环境变量。

开始写 Go 项目代码前，需要先配置好环境变量。编辑"~/.bash_profile（在终端中运行 vi ~/.bash_profile 即可）"来添加下面这行代码（如果找不到 .bash_profile，可以自己创建一个）：

```
export GOPATH=$HOME/go
```

GOPATH 用来存放工程目录和 go get 的安装包，如果你不想混在一个包里，可以新建一个 GOPATH 专门存放自己的工程，保存后退出编辑器。在终端中运行下面命令：

```
source ~/.bash_profile
```

🔔 **提示：**

$HOME 是每台计算机的用户主目录，每台计算机可能不同，可以在终端运行"echo $HOME"获取。

GOROOT 也就是 Go 开发包的安装目录默认在 /usr/local/go 中，如果没有，可以在 bash_profile 文件中设置：

```
export GOROOT=/usr/local/go
```

然后保存并退出编辑器，运行 source ~/.bash_profile 命令即可。

1.4　Go 包管理

Golang 的包管理一直被大众所诟病，但可以看出其逐渐向好的方向发展。官方的包管理工具发展历史如下。

在 1.5 版本之前，所有的依赖包都存放在 GOPATH 下，没有版本控制。这类似于谷歌使用单一仓库来管理代码的方式，这种方式的最大弊端就是无法实现包的多版本控制，比如项目 A 和项目 B 依赖于不同版本的 package，如果 package 没有做到完全的向前兼容，往往会出现问题。1.5 版本推出了 vendor 机制。所谓 vendor 机制，就是每个项目的根目录下可以有一个 vendor 目录，里面存放了该项目依赖的包。在执行编译时会先去 vendor 目录查找依赖，如果没有找到则再去 GOPATH 目录下查找。

1.9 版本推出了实验性质的包管理工具 dep，这里把 dep 归结为 Golang 官方的包管理方式可能有一些不太准确。关于 dep 的争议很多，比如为什么官方后来没有直接使用 dep 而是出了新的 modules。

1.11 版本推出 modules 机制，简称 mod。modules 的原型其实是 vgo（关于 vgo 可自行搜索）。除此之外，Go 也一直有几个活跃的包管理工具，使用广泛且具有代表性的主要有以下几个：

- ◆ godep
- ◆ glide
- ◆ govendor

1.4.1　Go 语言包管理

GOPATH 与 GOROOT

GOROOT 默认 Go 安装在 /usr/local/go 下，但也允许自定义安装位置。GOROOT 的目的是告知 Go 当前的安装位置，编译时从 GOROOT 查找 SDK 的 system libariry，也可以通过 export GOROOT=$HOME/go1.xx.x 指定。

GOPATH 必须被设置，但并不是固定不变的。GOPATH 的目的是告知 Go 在需要代码时去哪里查找。注意这里的代码包括本项目和引用外部项目的代码。GOPATH 可以随着项目的不同而重新设置。

GOPATH 下有 3 个目录：src、bin 和 pkg。

● src 目录：Go 编译时查找代码的地方。

● bin 目录：Golang 编译可执行文件存放路径。

● pkg 目录：编译生成的 lib 文件存储的地方。

使用 go get 命令取下来放到 GOPATH 对应的目录中。比如，go get github.com/globalsign/mgo 会被下载到 $GOPATH/src/github.com/globalsign/mgo 中。

Go 语言原生包管理的缺陷如下。

能拉取源码的绝大多数依赖的是 github.com。

● 不能区分版本，以至于开发者以最后一项包名作为版本划分。

● 依赖"列表 / 关系"无法持久化到本地，需要找出所有依赖包然后一个个获取。

● 只能依赖本地全局仓库（GOPATH/GOROOT），无法将库放置于局部仓库（$PROJECT_HOME/vendor）。

1.4.2　vender

为了解决依赖 GOPATH 解决 go import 存在的问题，Go 在 1.5 版本引入了 vendor 属性（默认关闭，需要设置 Go 环境变量 GO15VENDOREXPERIMENT=1），并在 1.6 版本中默认开启了 vendor 属性。简单来说，vendor 属性就是让 Go 在编译时，优先从项目源码树根目录下的 vendor 目录查找代码（可以理解为切了一次 GOPATH），如果 vendor 中有，则不在 GOPATH 中查找。

通过以上 vendor 解决了部分问题，然而又引出新的问题。在 vendor 目录中依赖包没有版本信息，这样使依赖包脱离了版本管理，对于升级和问题追溯会很困难。如何方便地了解本项目依赖了哪些包，并方便地将其复制到 vendor 目录下？依靠人工是不现实的。为了解决这些问题，开源社区在 vendor 的基础上开发了多个管理工具，常用的有 godep 和 govendor glide 等，Go 官方发布了 dep。

govendor

govendor 是在 vendor 之后开发出来的，功能相对 godep 多一点，不过就核心问题的解决来说基本是一样的。该工具将项目依赖的外部包复制到项目中的 vendor 目录下，并通过 vendor.json 文件来记录依赖包的版本，方便用户使用相对稳定的依赖。这些包的类型如表 1-1 所列。

表 1-1 包类型

状 态	缩写状态	含 义
+local	l	本地包，即项目自身的包组织
+external	e	外部包，即被$GOPATH管理，但不在vendor目录下
+vendor	v	已被govendor管理，即在 vendor 目录下
+std	s	标准库中的包
+unused	u	未使用的包，即包在 vendor 目录下，但项目并没有用到
+missing	m	代码引用了依赖包，但该包并没有找到
+program	p	主程序包，意味着可以编译为执行文件
+outside		外部包和缺失的包
+all		所有的包

常见的命令如表 1-2 所列，格式为 govendor COMMAND。

表 1-2 常见命令

命 令	功 能
init	初始化vendor目录
list	列出所有的依赖包
add	添加包到vendor目录，如govendor add+external添加所有外部包
add PKG_PATH	添加指定的依赖包到vendor目录
update	从$GOPATH更新依赖包到vendor目录
remove	从vendor管理中删除依赖
status	列出所有缺失、过期和修改过的包
fetch	添加或更新包到本地vendor目录
sync	本地存在vendor.json时拉取依赖包，匹配所记录的版本类
get	类似go get目录，拉取依赖包到vendor目录

①安装：go get-u github.com/kardianos/govendo。
②配置环境变量：需要把 $GOPATH/bin/ 加到 PATH 中。
③在 $GOPATH/src 目录下新建测试工程：go_vendortest，然后在此目录下新建 src 目录。
④在 go_ vendortest 目录中执行：govendor init，进行初始化操作。
⑤通过 govendor fetch 加载测试包到 vendor 目录：govendor fetch github.com/pkg/errors。

使用步骤

进入项目的根目录。

```
# 创建 vendor 文件夹和 vendor.json 文件
govendor init
# 从 $GOPATH 中添加依赖包，会加到 vendor.json
govendor add +external
# 列出已经存在的依赖包
govendor list
# 找出使用的对应包
govendor list -v fmt
# 拉取指定版本的包
govendor fetch golang.org/x/net/context@wer3234rwerewr34redgdsfsdfsdfsddfsd32re
govendor fetch golang.org/x/net/context@v1      # Get latest v1.*.* tag or branch.
```

远程安装第三方包，此时 govendor 会将包下载到 vendor 目录，并更新 vendor.json 配置文件。

1.4.3 Go Mod

1.12 版本之后能支持一个包的管理，不再依赖 GOPATH 的设置，可以直接使用下载的包。

GO111MODULE 有三个值：off，on 和 auto（默认值）。

GO111MODULE=off，Go 命令行将不支持 module 功能，寻找依赖包的方式将会沿用旧版本，即通过 vendor 目录或者 GOPATH 模式来查找。

GO111MODULE=on，Go 命令行使用 modules，不会去 GOPATH 目录下查找。

GO111MODULE=auto，默认值，Go 命令行将根据当前目录决定是否启用 module 功能。可以分为以下两种情形。

①当前目录在 GOPATH/src 之外且该目录包含 go.mod 文件。

②当前文件在包含 go.mod 文件的目录下。

当 modules 功能启用时，依赖包的存放位置变更为 $GOPATH/pkg，允许同一个 package 多个版本并存，且多个项目可以共享缓存的 module。

go mod 命令如表 1-3 所列。

表 1–3 go mod 命令

命　令	说　明
download	download modules to local cache（下载依赖包）
edit	edit go.mod from tools or scripts（编辑go.mod）
graph	print module requirement graph（打印模块依赖图）
init	initialize new module in current dictory（在当前目录初始化mod）
tidy	add missing and remove unused modules（拉取缺少的模块，移除不用的模块）
vendor	make vendored copy of dependencies（将依赖复制到vendor下）
verify	verify dependencies have expected content（验证依赖是否正确）
why	explain why packages or modules are needed（解释为什么需要依赖）

使用方法

cd 工程目录如 test，go mod init test；就会在当前目录产生一个 go.mod 文件。go.mod 文件一旦被创建后，它的内容将被 go toolchain 全面掌控。

go toolchain 会在各类命令执行时修改和维护 go.mod 文件，比如 go get、go build 或 go mod 等。执行 go run main.go 运行代码，如果缺少依赖包则 go mod 会自动查找依赖自动下载；再次执行脚本 go runserver.go 会跳过检查并安装依赖的步骤。可以使用命令 go list-m -u all 来检查可以升级的 package，使用 go get -u need-upgrade-package 升级后会将新的依赖版本更新到 go.mod，也可以使用 go get -u 升级所有依赖。

1.5　Go 基础

1.5.1　过程控制

先介绍一下基本的循环流程控制。

1.　定义变量

```go
// 以下变量定义只是方便演示，如果有自己的命名规则可以自己命名，不必纠结
// 整形统一加冒号，这样 a 被自动识别为 int 类型
a := 10
// 也可以这样定义 var a int=10
// 浮点型，这样 b 被自动识别为 float 类型，默认为 float64
b := 3.14
// 同时定义多个变量 c 是整形，d 是字符串，e 是 float
c, d, e := 1, "hello", 3.14
// 这样 c 就是 int64 ,d 是 string ,e 是 float64 类型
// 自动识别
// 字符
// 只能被单引号包裹，不能用双引号，双引号包裹的是字符串
f := 'a'                         // 或 var f byte = 'a'
fmt.Printf("%d %T\n", f, f)      // 输出 97 uint8
// 字符串
g := "xyz"
// 布尔型
h := false
fmt.Printf("a = %v, b = %v, c= %v,d = %v,e = %v,f = %v,g = %v,h = %v ", a, b, c, d,
e, f, g, h)


// 基本数据类型默认值
// 在 Golang 中，数据类型都有一个默认值，当程序员没有赋值时，就会保留默认值
// 在 Golang 中，默认值也叫作零值
```

```go
var as int
var bs float32
var isTrue bool
var str string

// 这里的 %v, 表示按照变量的值输出
fmt.Printf("as = %v, bs = %v, isTrue = %v, str = %v", as, bs, isTrue, str)
// 打印结果as = 0, bs = 0, isTrue = false, str =
// 定义 int 数组
var arrInt= []int{2,4,6}
// 定义 string 数组
var arrString = []string{"2","4","6"}

//1. 创建
    var g1 map[int]string          // 默认值为 nil
    g2 := map[int]string{}
    g3 := make(map[int]string)
    g4 := make(map[int]string, 10)
    fmt.Println(g1, g2, g3, g4, len(g4))

//2. 初始化
    var m1 map[int]string = map[int]string{1: "boy", 2: "girl"}
    m2 := map[int]string{1: "boy", 2: "girl"}
    fmt.Println(m1, m2)
```

2. for 循环

for 循环没有括号，代码如下：

```go
package main
import "fmt"
func main() {

    i := 1
    for i <= 3 {
        fmt.Println(i)
        i = i + 1
    }

    for j := 7; j <= 9; j++ {
        fmt.Println(j)
    }

    for {
        fmt.Println("loop")
        break
```

```
    }

    for n := 0; n <= 5; n++ {
        if n%2 == 0 {
            continue
        }
        fmt.Println(n)
    }
}
```

3. If/else

```go
func ifelse() {

    if 7%2 == 0 {
        fmt.Println("7 is even")
    } else {
        fmt.Println("7 is odd")
    }

    if 8%4 == 0 {
        fmt.Println("8 is divisible by 4")
    }

    if num := 9; num < 0 {
        fmt.Println(num, "is negative")
    } else if num < 10 {
        fmt.Println(num, "has 1 digit")
    } else {
        fmt.Println(num, "has multiple digits")
    }
}
```

4. Switch

```go
package main
import (
    "fmt"
    "time"
)

func main() {

    i := 2
    fmt.Print("Write", i, "as")
    switch i {
    case 1:
```

```
        fmt.Println("one")
    case 2:
        fmt.Println("two")
    case 3:
        fmt.Println("three")
    }

    switch time.Now().Weekday() {
    case time.Saturday, time.Sunday:
        fmt.Println("It's the weekend")
    default:
        fmt.Println("It's a weekday")
    }

    t := time.Now()
    switch {
    case t.Hour() < 12:
        fmt.Println("It's before noon")
    default:
        fmt.Println("It's after noon")
    }

    whatAmI := func(i interface{}) {
        switch t := i.(type) {
        case bool:
            fmt.Println("I'm a bool")
        case int:
            fmt.Println("I'm an int")
        default:
            fmt.Printf("Don't know type %T\n", t)
        }
    }
    whatAmI(true)
    whatAmI(1)
    whatAmI("hey")
}

/*
运行结果
Write 2 as two
It's a weekday
It's after noon
I'm a bool
I'm an int
Don't know type string
*/
```

5. make 与 new 的区别

new 和 make 的定义：

```
func new(Type) *Type
func make(t Type, size ...IntegerType) Type
```

make 的作用是初始化（非零值）内置的数据结构，被用来分配引用类型的内存，也就是切片 slice、哈希表 map 和 Channel。new 的作用是根据传入的类型分配一片内存空间并返回指向这片内存空间的指针，被用来分配除了引用类型的所有其他类型的内存，内存置为 0、int、string 和 array，代码如下：

```
slice:= make([]int, 0, 100)
hash:= make(map[int]bool, 10)
ch:= make(chan int, 5)
i:= new(int)
var v int
i:= &v
```

其实 new 不常用，所以有 new 这个内置函数，可以分配一块内存供开发者使用，但在现实的编码中，它是不常用的。通常都是采用短语句声明以及结构体的字面量达到目的，比如：

```
i:=0
u:=user{}
```

这样更简洁方便，而且不会涉及指针这种比较麻烦的操作。make 函数是无可替代的，在使用 slice、map 以及 channel 时，还是要用 make 初始化，然后才可以对它们进行操作。

1.5.2　Go 基本数据类型

Go 基本数据类型如表 1-4 所列。

表 1-4　Go 基本数据类型

uint	32位或64位
uint8	无符号8位整型（0～255）
uint16	无符号16位整型（0～65535）
uint32	无符号32位整型（0～4294967295）
uint64	无符号64位整型（0～18446744073709551615）
int	32位或64位
int8	有符号8位整型（−128～127）
int16	有符号16位整型（−32768～32767）
int32	有符号32位整型（−2147483648～2147483647）
int64	有符号64位整型（−9223372036854775808～9223372036854775807）

续表

byte	uint8的别名（type byte = uint8）
rune	int32的别名（type rune = int32），表示一个unicode码
uintptr	无符号整形，用于存放一个指针是一种无符号的整数类型，没有指定具体的bit大小但是足以容纳指针 uintptr类型只有在底层编程才需要，特别是Go语言和C语言函数库或操作系统接口相交互的地方
float32	IEEE-754 32位浮点型数
float64	IEEE-754 64位浮点型数
complex64	32位实数和虚数
complex128	64位实数和虚数

1. Arrays

```go
func arraysExamle() {
    var a [5]int
    fmt.Println("emp:", a)
    a[4] = 100
    fmt.Println("set:", a)
    fmt.Println("get:", a[4])
    fmt.Println("len:", len(a))
    b := [5]int{1, 2, 3, 4, 5}
    fmt.Println("dcl:", b)

    var twoD [2][3]int
    for i := 0; i < 2; i++ {
        for j := 0; j < 3; j++ {
            twoD[i][j] = i + j
        }
    }
    fmt.Println("2d:", twoD)
}
/*
运行结果
emp: [0 0 0 0 0]
set: [0 0 0 0 100]
get: 100
len: 5
dcl: [1 2 3 4 5]
2d: [[0 1 2] [1 2 3]]
*/
package main
import (
    "fmt"
    "strconv"
```

```go
    "sync"
)
func main() {
    array()
    multiArray()
    maptest()
    syncmaptest()
}


func array() {
    //int 数组
    var a [3]int              // 定义三个整数的数组
    fmt.Println(a[0])          // 打印第一个元素
    fmt.Println(a[len(a)-1])   // 打印最后一个元素
    // 打印索引和元素
    for i, v := range a {
        fmt.Printf("%d %d\n", i, v)
    }
    // 仅打印元素
    for _, v := range a {
        fmt.Printf("%d\n", v)

    }
    // 字符串数组
    var team [3]string
    team[0] = "aa"
    team[1] = "bb"
    team[2] = "cc"
    // 或者 team := [...]string{"aa", "bb", "cc"}

    for k, v := range team {
        fmt.Println(k, v)
    }
    // 定义一个有三个元素的整型数组
    g := [3]int{12, 78, 50}
    fmt.Println(g)

    // 声明了一个长度为 3 的数组，但是只提供了一个初值12。剩下的两个元素被自动赋值为 0
    b := [3]int{12}
    fmt.Println(b)
    // 输出：[12 0 0]

    // 在声明数组时可以忽略数组的长度并用 "..." 代替，让编译器自动推导数组的长度
    c := [...]int{12, 78, 50}
    fmt.Println(c)
```

```go
    // 数组的遍历
    d := [...]float64{22.7, 23.8, 56, 68, 78}
    for i := 0; i < len(d); i++ {
        fmt.Printf("%d th element of a is %.2f\n", i, d[i])
    }
    //Go 提供了一个更简单、更简洁的遍历数组的方法
    // 使用 range for, range 返回数组的索引和索引对应的值
    for i, v := range d { //range returns both the index and value
        fmt.Printf("%d the element of a is %.2f\n", i, v)
    }
    // 输出如下
    /*  0 the element of a is 22.70
        1 the element of a is 23.80
        2 the element of a is 56.00
        3 the element of a is 68.00
        4 the element of a is 78.00
    */
    // 如果只想访问数组元素而不需要访问数组索引，则可以通过空标识符来代替索引变量
    for _, v := range d {
        fmt.Printf(" %.2f\n", v)
    }
}
// 多维数组
func multiArray() {
    a := [3][2]string{
        {"a1", "a2"},
        {"b1", "b2"},
        {"c1", "c2"},
    }
    printarray(a)
    // 初始化二维数组的另一种方式
    var b [3][2]string
    b[0][0] = "a1"
    b[0][1] = "a2"
    b[1][0] = "b1"
    b[1][1] = "b2"
    b[2][0] = "c1"
    b[2][1] = "c2"
    printarray(b)
}
// 遍历多维数组
func printarray(a [3][2]string) {
    for _, v1 := range a {
        for _, v2 := range v1 {
```

```
        fmt.Printf("%s", v2)
        }
        fmt.Printf("\n")
    }
}
```

2. Slice

数组在 Go 语言中没那么常用，更常用的数据结构其实是切片，切片就是动态数组，它的长度并不固定，可以随意向切片中追加元素，而切片会在容量不足时自动扩容。它的数据结构如下：

```
type SliceHeader struct {
    Data uintptr
    Len  int        // 长度
    Cap  int        // 容量
}
```

Data 作为一个指针指向的数组是一片连续的内存空间，这片内存空间可以用于存储切片中保存的全部元素，数组中的元素只是逻辑上的概念，底层存储其实都是连续的，所以可以将切片理解成一片连续的内存空间加上长度与容量的标识。

```
/*
尽管数组看起来足够灵活，但是数组的长度是固定的，没办法动态地增加数组的长度。而切片却没有这个限制，
实际上在 Go 中，切片比数组更为常见，一个数组不能动态改变长度。不要担心这个限制，因为切片（slices）
可以弥补这个不足。
*/
func slice() {
    // 创建了一个长度为 3 的 int 数组，并返回一个切片给c
    c := []int{6, 7, 8}
    // 修改切片
    c[1] = 70
    //c 变成 [6 70 8]

    numa := [3]int{78, 79, 80}
    nums1 := numa[:]
    for _, v1 := range nums1 {
        fmt.Printf("%d", v1)
    }

    //numa[:] 中缺少了开始和结束的索引值
    // 这种情况下开始和结束的索引值默认为 0 和 len(numa) 表示整个数组
    // 用 make 创建切片
    // 内置函数 func make([]T, len, cap) []T 可以用来创建切片，该函数以长度和容量作为参数
    si := make([]int, 5, 5)
    // 用 make 创建的切片的元素值默认为 0 值，上面的程序输出为：[0 0 0 0 0]
    for _, v1 := range si {
        fmt.Printf("%d ", v1)
```

```go
    }
    // 追加元素到切片
    cars := []string{"a", "b", "c"}
    cars = append(cars, "d")
    //cars 变成 [a b c d]
    cars = append(cars, "e", "f", "g", "h")
    //cars 变成 [a b c d e f g h]
    // 合并切片 可以使用 ... 操作符将一个切片追加到另一个切片末尾
    veggies := []string{"potatoes", "tomatoes", "brinjal"}
    fruits := []string{"oranges", "apples"}
    food := append(veggies, fruits...)
    // 变成 [potatoes tomatoes brinjal oranges apples]

    for _, v1 := range food {
        fmt.Printf("%s ", v1)
    }
    // 删除切片第 1 个元素
    index := 1
    food = append(food[:index], food[index+1:]...)

    for _, v1 := range food {
        fmt.Printf("%s ", v1)
    }
    // 清空
    food = append([]string{})
    // 多维切片
    pls := [][]string{
        {"potatoes", "tomatoes"},
        {"brinjal"},
        {"oranges", "apples"},
    }
    for _, v1 := range pls {
        for _, v2 := range v1 {
            fmt.Printf("%s ", v2)
        }
        fmt.Printf("\n")
    }
}
func SliceExample() {
    s := make([]string, 3)
    fmt.Println("emp:", s)

    s[0] = "a"
    s[1] = "b"
    s[2] = "c"
```

```go
        fmt.Println("set:", s)
        fmt.Println("get:", s[2])

        fmt.Println("len:", len(s))

        s = append(s, "d")
        s = append(s, "e", "f")
        fmt.Println("apd:", s)

        c := make([]string, len(s))
        copy(c, s)
        fmt.Println("cpy:", c)
        l := s[2:5]
        fmt.Println("sl1:", l)
        l = s[:5]
        fmt.Println("sl2:", l)
        l = s[2:]
        fmt.Println("sl3:", l)
        t := []string{"g", "h", "i"}
        fmt.Println("dcl:", t)
        twoD := make([][]int, 3)
        for i := 0; i < 3; i++ {
            innerLen := i + 1
            twoD[i] = make([]int, innerLen)
            for j := 0; j < innerLen; j++ {
                twoD[i][j] = i + j
            }
        }
        fmt.Println("2d: ", twoD)
}

/*
结果：
emp: [ ]
set: [a b c]
get: c
len: 3
apd: [a b c d e f]
cpy: [a b c d e f]
sl1: [c d e]
sl2: [a b c d e]
sl3: [c d e f]
dcl: [g h i]
2d: [[0] [1 2] [2 3 4]]
*/
```

```
// 关于切片的内存回收
func sliceRecycle() {
    cars := []string{"ford", "toyota", "ds", "honda", "suzuki"}
    neededcars := cars[:len(cars)-2]
    //切片保留对底层数组的引用。只要切片存在于内存中，此时数组就不能被垃圾回收
    carsCpy := make([]string, len(neededcars))
    copy(carsCpy, neededcars)
    // 使用 copy 函数 func copy(dst, src []T) int 来创建该切片的复制品
    // 这样就可以使用这个新的切片，原来的数组可以被垃圾回收
    // 现在数组 cars 可以被垃圾回收，因为 neededcars 不再被引用
    //return carsCpy
}

func main() {
    s := make([]int,5)
    s = append(s,1, 2, 3)
    fmt.Println(s)
}
//make 初始化是默认的，此处默认值为 0
// 打印结果
[00000123]
// 大家试试改为：
s := make([]int, 0)
s = append(s, 1, 2, 3)
fmt.Println(s)
// 打印 1 2 3
```

```
package main

import (
    "fmt"
    "strconv"
    "sync"
)

func main() {
    // 以下变量定义只是方便演示，自己的命名规则也可以，不必纠结
    // 整形统一加冒号，这样 a 被自动识别为 int 类型
    a := 10
    // 也可以这样定义 var a int=10，不过这样不够简洁

    // 浮点型，这样 b 被自动识别为 float 类型，默认为 float64
    b := 3.14
```

```
    // 同时定义多个变量 c是整形, d是字符串, e是float
    c, d, e := 1, "hello", 3.14

    // 字符
    // 只能被单引号包裹, 不能用双引号, 双引号包裹的是字符串
    f := 'a'                          // 或 var f byte = 'a'
    fmt.Printf("%d %T\n", f, f)       // 输出 97 uint8
    // 字符串
    g := "xyz"

    // 布尔型
    h := false
    fmt.Printf("a = %v, b = %v, c= %v,d = %v,e = %v,f = %v,g = %v,h = %v ", a, b,
c, d, e, f, g, h)

    // 基本数据类型默认值
    // 在Golang中, 数据类型都有一个默认值, 当其没有被赋值时, 就会保留默认值
    // 在Golang中, 默认值也叫作零值
    var as int
    var bs float32
    var isTrue bool
    var str string

    // 这里的 %, 表示按照变量的值输出
```

Slice 自动扩容机制, 代码如下 :

```
package main

import (
    "fmt"
)

func main() {
    // 定义一个无初始长度的切片
    a := []string{}
    for i := 0; i < 6; i++ {
        a = append(a, "11111")
        //Slice 的容量
        fmt.Println(cap(a))
        //Slice 的长度
        fmt.Println(len(a))
        fmt.Println("-------")
    }
}
运行结果
```

```
1
1
-------
2
2
-------
4
3
-------
4
4
-------
8
5
-------
8
6
-------
```

由输出结果可以看出，Slice 的容量会自动扩容的起点是 2，当长度大于 2 时，Slice 的容量会自动扩容为原来的 2 倍。每一次扩容都会重新开辟一块内存空间，这块内存空间是原来内存空间的 2 倍，将旧的数据复制到新开辟的内存空间中，然后释放旧的内存空间。

3. Map

Go 的 Map 底层是一个 hash 表（HashMap），表面上看 Map 只有键值对结构，实际上在存储键值对的过程中涉及了数组和链表。HashMap 之所以高效，是因为其结合了顺序存储（数组）和链式存储（链表）两种存储结构。数组是 HashMap 的主干，在数组下有一个类型为链表的元素。

Go 语言运行时同时使用了多个数据结构组合表示哈希表，其中使用 hmap 结构体来表示哈希，先来看一下这个结构体内部的字段，代码如下：

```go
type hmap struct {
    count       int              // # 元素个数
    flags       uint8
    B           uint8            // 说明包含 2^B 个 bucket
    noverflow   uint16           // 溢出的 bucket 的个数
    hash0       uint32           // hash 种子
    buckets     unsafe.Pointer   // buckets 的数组指针
    oldbuckets  unsafe.Pointer   // 结构扩容时用于复制的 buckets 数组
    nevacuate   uintptr          // 搬迁进度（已经搬迁的 buckets 数量）
    extra *mapextra
}
```

hmap 是 Map 最外层的一个数据结构，包括 Map 的各种基础信息，如大小和 bucket。首先，buckets 这个参数存储的是指向 buckets 数组的一个指针。当 bucket（桶为 0 时）为 nil，可以理解为 hmap 指向了一个空的 bucket 数组，并且当 bucket 数组需要扩容时，它会开辟一倍的内存空间并且渐进式地复制原数组，即用到旧数组时就复制到新数组。

每一个 bucket（桶）最多放 8 个 key 和 value，最后由一个 overflow 字段指向下一个 bmap，注意 key、value 和 overflow 字段都不显示定义，而是通过 maptype 计算偏移获取的。代码如下：

```
type bmap struct {
    // tophash generally contains the top byte of the hash value
    // for each key in this bucket. If tophash[0] < minTopHash,
    // tophash[0] is a bucket evacuation state instead.
    tophash [bucketCnt]uint8
    // Followed by bucketCnt keys and then bucketCnt values.
    // NOTE: packing all the keys together and then all the values together makes the
    // code a bit more complicated than alternating key/value/key/value/... but it allows
    // us to eliminate padding which would be needed for, e.g., map[int64]int8.
    // Followed by an overflow pointer.
}
```

下面看一些使用示例，代码如下：

```
func maptest() {
    // 先声明 map
    var m1 map[string]string
    // 声明后指向的是 nil, 所以千万不要直接声明后就使用
    //Golang 中, map 是引用类型, 如切片一样,
    // 再使用 make 函数创建一个非 nil 的 map, nil map 不能赋值
    m1 = make(map[string]string)
    // 最后给已声明的 map 赋值
    m1["a"] = "a"
    m1["b"] = "b"

    // 直接创建
    m2 := make(map[string]string)
    // 然后赋值
    m2["a"] = "a"
    m2["b"] = "b"

    // 初始化 + 赋值一体化
    m3 := map[string]string{
        "a": "a1",
        "b": "b1",
    }
    fmt.Println(m3)
    // 查找键值是否存在
    if v, ok := m1["a"]; ok {
        fmt.Println(v)
    } else {
        fmt.Println(" 键值不存在 ")
```

```go
    }
    // 遍历 map
    for k, v := range m1 {
        fmt.Println(k, v)
    }
}


// 在并发中使用 map
func syncmaptest() {
    c := make(map[string]string)
    // 通过 WaitGroup 控制并发阻塞线程
    wg := sync.WaitGroup{}
    // 同步互斥锁
    var lock sync.Mutex
    for i := 0; i < 10; i++ {
        //wg.Add(1) 和 wg.Done() 要对应否则 wg.Wait() 会一直阻塞等待
        wg.Add(1)
        go func(n int) {
            k, v := strconv.Itoa(n), strconv.Itoa(n)
            // 锁住开始修改
            lock.Lock()
            c[k] = v
            // 修改完毕，解锁
            lock.Unlock()
            //wg.Done() 告诉 WaitGroup，我完成一个任务了
            wg.Done()
        }(i)
    }
    // 一直等待上面的线程跑完
    wg.Wait()
    // 跑完了，继续跑后面的代码
    fmt.Println(c)
    // 结果 map[0:0 1:1 2:2 3:3 4:4 5:5 6:6 7:7 8:8 9:9]
}
func cover() {
    var a int = 89
    // 数据类型转换方式
    var b float32 = float32(a)

    fmt.Printf("%f ", b)


}


func mapExample() {
```

```
    m := make(map[string]int)

    m["k1"] = 7
    m["k2"] = 13

    fmt.Println("map:", m)

    v1 := m["k1"]
    fmt.Println("v1: ", v1)

    fmt.Println("len:", len(m))

    delete(m, "k2")
    fmt.Println("map:", m)

    _, prs := m["k2"]
    fmt.Println("prs:", prs)

    n := map[string]int{"foo": 1, "bar": 2}
    fmt.Println("map:", n)
}

/*
运行结果
map: map[k1:7 k2:13]
v1:  7
len: 2
map: map[k1:7]
prs: false
map: map[bar:2 foo:1]
*/
```

4. Range

```
//Range 用于范围迭代各种数据结构中的元素
package main
import "fmt"
func main() {
    nums := []int{2, 3, 4}
    sum := 0
    for _, num := range nums {
        sum += num
    }
    fmt.Println("sum:", sum)
```

```
    for i, num := range nums {
        if num == 3 {
            fmt.Println("index:", i)
        }
    }
    kvs := map[string]string{"a": "apple", "b": "banana"}
    for k, v := range kvs {
        fmt.Printf("%s -> %s\n", k, v)
    }

    for k := range kvs {
        fmt.Println("key:", k)
    }

    for i, c := range "go" {
        fmt.Println(i, c)
    }
}

/*
运行结果
sum: 9
index: 1
a -> apple
b -> banana
key: a
key: b
0 103
1 111
*/
```

5. 结构体

结构体是一种聚合的数据类型，是由零个或多个任意类型的值聚合成的实体。每个值称为结构体的成员。运用结构体的经典案例就是处理公司的员工信息，每个员工信息包含一个唯一的员工编号、员工名字、家庭住址、出生日期、工作岗位、薪资和上级领导等。所有的信息都需要绑定到一个实体中，并且可以作为一个整体单元被复制，作为函数的参数或返回值，或者被存储到数组中等。

下面两个语句声明了一个以 user 命名的结构体类型，并且声明了一个 user 类型的变量 usr：

```
type User struct {
    ID        int
    Name      string
    Address   string
    Birthday  time.Time
```

```
    Location    string
    Money       int
    TypeId int
}

var usr User
```

usr 结构体变量的成员可以通过点操作符访问，比如 usr.Name 和 usr.Birthday。因为 usr 是一个变量，它所有的成员也同样是变量，可以直接对每个成员赋值：

```
usr.Money -= 1000
```

或者对成员取地址，然后通过指针访问：

```
location := &usr.Location
*location = "xxx " + *location
```

点操作符也可以和指向结构体的指针一起工作：

```
var userOfTheMonth *user = &usr
userOfTheMonth.Location += " (proactive team player)"
```

相当于下面的语句：

```
(*userOfTheMonth).Location += " (proactive team player)"
```

1.6　Go 的公共、私有变量与函数

```
package mypack

import (
    "fmt"
)

// 公共函数首字母大写
// 在其他package内通过"包名 . 公有函数名"调用，比如 mypack.PublicFunc()
func PublicFunc() {

}

// 私有函数首字母小写，在其他包内无法通过"包名 . 函数名"调用
func privateFunc() {

}

// 公共变量在同一个包内可以直接访问调用
// 在其他包内可以通过"包名 . 公共变量"调用
```

```go
var PublicString string

// 私有变量在同一个包内可以直接访问调用
var privateString string
```

1.7　Go 语言函数与方法

函数声明（定义）包括函数名、形式参数列表、返回值列表（可省略）以及函数体：

```go
func 函数名 ( 形式参数列表 )( 返回值列表 ){
        函数体
}
```

形式参数列表描述了函数的参数名以及参数类型，这些参数作为局部变量，其值由参数调用者提供，返回值列表描述了函数返回值的变量名以及类型，如果函数返回一个无名变量或者没有返回值，返回值列表的括号可以省略。示例代码如下：

```go
// 只有一个返回值
func add(a, b, c int) int {
    return a + b + c
}

// 多个返回值
func cost(a, b int, name string) (int, string) {
    if name == "li" {
        return a + b + 100, "hight"
    } else {
        return a + b + 10, "low"
    }
}
// 调用
result,title:=cost(2,3,"li")

// 无返回值的函数
func cost(a,b int){

}
```

在函数声明时，在其名字之前放上一个变量，即是一个方法，代码如下：

```go
// 定义一个结构体
type person struct {
    name string
}

func (p person) String() string  {
```

```
    return "the person name is " + p.name
}
// 上面的这个例子中，func 和 方法名 String 之间的参数 (p person) 就是接收者，现在我们说，类型
  person 有了一个方法 String，现在看下如何使用：

func main() {
    p := person{name : "lisi"}

    fmt.Println(p.String())
}
```

1.8　Go 反射

反射是用程序检查其所拥有的结构、类型的一种能力。可以在"运行时"通过反射来分析一个结构体，检查其类型和变量（类型和取值）以及方法动态的修改变量和调用方法，这对于没有源代码的包尤其有用。但是应当避免使用或者小心使用，在高并发场景尽量避免使用反射。

TypeOf 方法获取变量的类型信息，代码如下：

```
func reflect_typeof(a interface{}) {
    t := reflect.TypeOf(a)
    fmt.Printf("type of a is:%v\n", t)

    k := t.Kind()
    switch k {
    case reflect.Int64:
        fmt.Printf("a is int64\n")
    case reflect.String:
        fmt.Printf("a is string\n")
    }
}
```

ValueOf 获取变量的值信息，oValue := reflect.ValueOf（obj），代码如下：

```
func reflect_value(a interface{}) {
    v := reflect.ValueOf(a)
    k := v.Kind()
    switch k {
    case reflect.Int64:
        fmt.Printf("a is Int64, store value is:%d\n", v.Int())
    case reflect.String:
        fmt.Printf("a is String, store value is:%s\n", v.String())
    }
}
```

Kind() 可以获取 t 的类型，代码如下：

```go
func reflectTest(b interface{}) {
    // 通过反射获取到传入变量的 type kind 值
    rType := reflect.TypeOf(b)
    fmt.Println("rType =", rType)
    // 获取到 reflectValue
    rVal := reflect.ValueOf(b)
    // 获取变量对应的 kind
    typeKind := rType.Kind()
    valKind := rVal.Kind()
    fmt.Printf("typeKind = %v, valKind = %v\n", typeKind, valKind)
}
```

Field() 利用反射获取结构体中的方法和调用。获取结构体的字段可以通过上面的方法判断一个变量是不是结构体。可以通过 NumField() 获取所有结构体字段的数目，进而遍历，通过 Field() 方法获取字段的信息，代码如下：

```go
type Student struct {
    Name  string
    Sex   int
    Age   int
    Score float32
}

func main() {
    // 创建一个结构体变量
    var s Student = Student{
        Name:  "orange",
        Sex:   1,
        Age:   10,
        Score: 80,
    }

    v := reflect.ValueOf(s)
    t := v.Type()
    kind := t.Kind()

    // 分析 s 变量的类型，如果是结构体类型，那么遍历所有的字段
    switch kind {

    case reflect.Struct:
        fmt.Printf("s is struct\n")
        fmt.Printf("field num of s is %d\n", v.NumField())
        //NumFiled() 获取字段数，v.Field(i) 可以取得下标位置的字段信息，返回的是一个 Value 类型的值
        for i := 0; i < v.NumField(); i++ {
```

```
            field := v.Field(i)
            // 打印字段的名称、类型以及值
            fmt.Printf("name:%s type:%v value:%v\n",
                t.Field(i).Name, field.Type().Kind(), field.Interface())
        }
    default:
        fmt.Printf("default\n")
    }
}
```
执行结果：

```
s is struct
field num of s is 4
name:Name type:string value:orange
name:Sex type:int value:1
name:Age type:int value:10
name:Score type:float32 value:80
```

1.9　接　口

```
package main

import (
    "fmt"
    "time"
)

/*
interface 是 Go 语言的基础特性之一。可以理解为一种类型的规范或者约定。它跟 Java 和 C# 不太一样，
不需要显示说明实现了某个接口，它没有继承子类或 implements 关键字，只是通过约定的形式隐式地实现
interface 中的方法即可。因此，Golang 中的 interface 让编码更灵活、易扩展。

什么情况下使用 interface 呢？
当我们给系统添加一个功能时，不是通过修改代码，而是通过增添代码来完成的，这就是开闭原则的核心思想。
所以要想满足上面的要求，需要 interface 来提供一层抽象的接口。
作为 interface 数据类型，他存在的意义是什么呢？实际上是为了满足一些面向对象的编程思想。目标就是高内
聚，低耦合。
Go 中严格来说没有多态，但可以利用接口进行，对于实现了同一接口的两种对象，可以进行类似的向上转型，并
且在此时可以对方法进行多态路由分发。
*/
func main() {
    // 测试
```

```
    testNilInterface()
    testInterface()
    /*
        输出：
        是自定义结构体类型
        student {abc}
        Woof!
        Meow!
        进行了奔跑业务 ...
        进行了睡觉业务 ...
    */
}

// 例子1：空接口
// 定义一个结构体
type Student struct {
    Name string
}

// 空接口
func testNilInterface() {
    var v interface{}
    v = 12
    v = "abc"
    v = 12.22

    v = Student{Name: "abc"}            // 自定义结构体类型
    // 判断 v 的类型
    if _, ok := v.(int); ok {
        fmt.Printf(" 是 int 类型 \n")
    } else if _, ok := v.(string); ok {
        fmt.Printf(" 是字符串类型 \n")
    } else if _, ok := v.(Student); ok {
        fmt.Printf(" 是自定义结构体类型 \n")
    } else {
        fmt.Printf(" 未知类型 \n")
    }
    // 或者这样判断
    switch v.(type) {

    case bool:
        fmt.Printf("%s", v)             //v
    case int:
        fmt.Printf("%d", v)
    case int64:
        fmt.Printf("%d", v)
```

```go
        case int32:
            fmt.Printf("%d", v)
        case float64:
            fmt.Printf("%1.2f", v)
        case float32:
            fmt.Printf("%1.2f", v)
        case string:
            fmt.Printf("%s", v)
        case Student:
            fmt.Printf("student %s \n", v)
        case []byte:
            fmt.Printf("byte %s", string(v.([]byte)))
        case time.Time:
            fmt.Printf("%s", v)
        default:
            fmt.Printf("%s", v)
    }
}
/*
interface 是一种具有一组方法的类型，这些方法定义了 interface 的行为。interface{} 会占用两个字长
的存储空间，一个是自身的 methods 数据，一个是指向其存储值的指针，也就是 interface 变量存储的值。
一个类型如果实现了一个 interface 的所有方法，就说该类型实现了这个 interface，空的 interface 没有
方法，所以可以认为所有的类型都实现了 interface{}。如果定义一个函数参数是 interface{} 类型，这个函
数应该可以接受任何类型作为它的参数。跟 Java 和 C++ 等其他语言的多态类似。
*/

// 例子 2：非空接口
type Animal interface {
    Speak() string
}

type Dog struct {
}

//Dog 实现了一个 Animal 的 Speak 方法就说 Dog 类型实现了这个 Animal
func (d Dog) Speak() string {
    fmt.Printf("Woof!\n")
    return "Woof!"
}

type Cat struct {
}

func (c *Cat) Speak() string {
    fmt.Printf("Meow!\n")
    return "Meow!"
```

```
    }

func testInterface() {
    dog := Dog{}
    dog.Speak()
    cat := Cat{}
    cat.Speak()

    person := &Person{}
    person.Run()
    person.Sleep()

}
// 例子3
// 我们要写一个类 Person
type Person struct {
}
// 奔跑
func (p *Person) Run() {
    fmt.Println("进行了奔跑...")
}
// 睡觉
func (p *Person) Sleep() {
    fmt.Println("进行了睡觉...")
}
```

1.10 Go 的防崩溃 Recover

```
/*
Defer
Defer 语句将一个函数放入一个列表（用栈表示其实更准确）中，该列表的函数在环绕 defer 的函数返回时会被
执行。Defer 通常用于简化函数的各种各样清理动作，例如关闭文件、解锁等释放资源的动作。

panic 是内建的停止控制流的函数。相当于其他编程语言的抛异常操作。若函数 F 调用了 panic，F 的执行会被
停止，在 F 中 panic 前面定义的 defer 操作都会被执行，然后 F 函数返回。
对于调用者来说，调用 F 的行为就像调用 panic（如果 F 函数内部没有把 panic 覆盖掉）。如果都没有捕获该
panic，相当于一层层 panic（运行恐慌），程序将会 crash。panic 可以直接调用，也可以在程序运行错误时
调用，例如数组越界。

Recover 是一个从 panic 恢复的内建函数。Recover 只有在 Defer 的函数里才能发挥真正的作用。如果是正常
的情况（没有发生 panic），调用 Recover 将会返回 nil 且没有任何影响。如果当前的 goroutine Panic 了，
Recover 的调用将会捕获到 panic 的值，并且恢复正常运行。
```

Go 语言追求简洁优雅，所以 Go 语言不支持传统的 try...catch...finally 异常，Go 语言的设计者认为，将异常与控制结构混在一起很容易使代码变得混乱。

在 Go 语言中，使用多值返回来返回错误。不要用异常代替错误，更不要用来控制流程。在个别情况下，即遇到真正的异常情况时（比如除数为 0 了），才使用 Go 中引入的 Exception 处理：Defer、Panic 和 Recover。

Go 没有异常机制，但有 panic 和 Recover 模式来处理错误。panic 可以在任何地方被引发，但 Recover 只有在 Defer 调用的函数中有效。

```go
*/

func CopyFile(dstName, srcName string) (written int64, err error) {
    src, err := os.Open(srcName)
    if err != nil {
        return
    }

    dst, err := os.Create(dstName)
    if err != nil {
        return
    }

    written, err = io.Copy(dst, src)
    dst.Close()
    src.Close()
    // 立马关闭
    return
}

func CopyFile(dstName, srcName string) (written int64, err error) {
    src, err := os.Open(srcName)
    if err != nil {
        return
    }
    defer src.Close()
    // 这里 src 不会立刻关闭，在函数 return 时关闭，用 defer close 防止忘记关闭
    dst, err := os.Create(dstName)
    if err != nil {
        return
    }
    defer dst.Close()

    return io.Copy(dst, src)
}
```

```
func testpanic() {
    // 先声明 defer, 捕获 panic 异常
    defer func() {
        if err := recover(); err != nil {
            fmt.Println("捕获到了 panic 产生的异常:", err)
            fmt.Println("捕获到 panic 的异常了, recover 恢复回来。")
        }
    }()
    // 注意这个 () 就是调用该匿名函数的
    // 不写会报:expression in defer must be function call
    /*
    panic 一般会导致程序挂掉(除非 recover),然后在 Go 运行时输出调用栈,但即使函数执行时引起 panic
    了,函数不再往下运行,并不是立刻向上传递 panic,而是移到 Defer 处,等 Defer 的东西都跑完了,
    panic 再向上传递。所以这时候 Defer 有点类似 try-catch-finally 中的 finally。panic 就是这么简单。
    */

    panic("抛出一个异常了, defer 会通过 recover 捕获这个异常, 处理后续程序正常运行。")
    fmt.Println("这里不会执行了")
}
```

1.11 Goroutine

Goroutine 是 Go 里的一种轻量级线程——协程。在 Go 语言中,每一个并发的执行单元叫一个 Goroutine。其特点如下:

(1)相对线程,协程的优势在于它非常轻量级,进行上下文切换的代价非常小。

(2)对于一个 Goroutine,每个结构体 G 中都有一个 sched 的属性用来保存它的上下文。这样,Goroutine 就可以很轻易地来回切换。

(3)由于其上下文切换在用户态下发生,根本不必进入内核态,所以速度很快。线程切换需要进出内核,速度慢。而且只有当前 Goroutine 的 PC 和 SP 等少量信息需要保存。

(4)在 Go 语言中,每一个并发的执行单元为一个 Goroutine。

1. 创建

```
go f()// 创建一个goroutine 无须等待
```

调用 runtime.newproc 来创建一个 Goroutine,这个 Goroutine 将新建一个自己的栈空间,同时在 Go 的 sched 中维护栈地址与程序计数器这些信息。创建好的这个 Goroutine 会被放到它所对应的内核线程 M 所使用的上下文 P 中的 runqueue 中。等待调度器来决定何时取出该 Goroutine 并执行,通常调度是按时间顺序被调度的,这个队列是一个先进先出的队列。

Goroutine 在创建好后,调度器决定何时执行这个 Goroutine,这个过程叫调度。

2. 执行顺序和过程

（1）从 M 对应的 P 中的 runqueue 中取出 Goroutine 来执行，没有则执行（2）。

（2）从全局队列里面尝试取出一个 Goroutine 执行，有则执行，没有则执行（3）。

（3）从其他线程 M 的 P 中，偷出一些 Goroutine 来执行，失败则执行（4）。（备注：这里的偷只偷一半，使用的算法叫作 work stealing。）

（4）线程 M 发现无事可做，就去休息了，也就是线程的 sleep 等待被唤醒。

3. 停止

①情况 1：runtime.park。

当调用了 runtime.park 函数后，Goroutine 会被设置成 waiting 的状态，线程 M 会放弃它自身关联的上下文 P。而系统会分配一个新的线程 M1 来接管这个上下文 P。原来的线程 M0 则会与上下文断开连接，M0 因为无事可做，就休眠了，等待下次被唤醒。channel 的读写操作在定时器中，网络 poll 等都有可能停止 Goroutine。

②情况 2：runtime.gosched。

调用 runtime.gosched 函数也可以让当前 Goroutine 放弃 CPU，在这种情况下会将 Goroutine 设置成 runnable，放置到全局队列中。

4. 唤醒

如果 Goroutine 处于 waiting 状态，在调用 runtime.ready 函数之后会被唤醒，唤醒的 Goroutine 会被重新放到 M 对应的上下文所对应的 runqueue 中，等待被调度。

5. 图解

相关过程图解如图 1-3 所示。

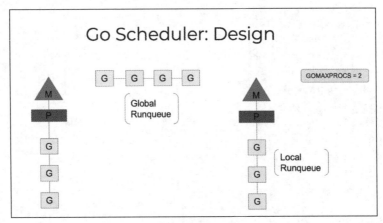

图1-3　图解过程

6. 例 1

```
package main

import (
```

```go
        "fmt"
        "time"
)


// goroutine 1
func Bname() {
    arr1 := [4]string{"aa", "bb", "cc", "dd"}
    for t1 := 0; t1 <= 3; t1++ {

        time.Sleep(150 * time.Millisecond)
        fmt.Printf("%s\n", arr1[t1])

    }
}


// goroutine 2
func Bid() {
    arr2 := [4]int{11, 22, 33, 44}
    for t2 := 0; t2 <= 3; t2++ {
        time.Sleep(150 * time.Millisecond)
        fmt.Printf("%d\n", arr2[t2])
    }
}


// Main function
func main() {
    fmt.Println("!... 主协程开始 ...!")
    // 创建运行 Goroutine 1
    //runqueue 队列就在其末尾加入一个 Goroutine
    // 在下一个调度点，就从 runqueue 中取出一个 Goroutine 执行
    go Bname()
    // 创建运行 Goroutine 2
    go Bid()
    time.Sleep(3500 * time.Millisecond)
    fmt.Println("\n!... 主协程结束 ...!")
}
/*
运行结果

!... 主协程开始 ...!
11
aa
22
bb
33
cc
```

```
44
dd

!... 主协程结束 ...!
*/
```

7. 例 2

```go
package main

import (
    "fmt"
    "time"
)

func f(from string) {
    for i := 0; i < 3; i++ {
        fmt.Println(from, ":", i)
    }
}
func main() {

    go f("direct")
    // 开启一个 goroutine
    go f("goroutine")
    // 开启一个 goroutine
    go func(msg string) {
        fmt.Println(msg)
    }("going")
    // 等待
    time.Sleep(time.Second)
    fmt.Println("done")
}

/*
输出结果可以看到 Goroutine 执行的时间顺序是不确定的

D:\mybook\bookSource>go run goroutine.go
going
direct : 0
goroutine : 0
goroutine : 1
goroutine : 2
direct : 1
direct : 2
done
```

```
D:\mybook\bookSource>go run goroutine.go
direct : 0
direct : 1
direct : 2
goroutine : 0
goroutine : 1
goroutine : 2
going
done

D:\mybook\bookSource>go run goroutine.go
goroutine : 0
goroutine : 1
goroutine : 2
going
direct : 0
direct : 1
direct : 2
done

D:\mybook\bookSource>go run goroutine.go
going
direct : 0
direct : 1
direct : 2
goroutine : 0
goroutine : 1
goroutine : 2
done

*/
```

1.12　Channel

　　Channel 是 Golang 中最核心的功能之一，因此理解 Channel 的原理对于学习和使用 Golang 非常重要。Channel 是 Goroutine 之间通信的一种方式，可以类比成 Unix 中进程通信方式管道。

　　传统的并发模型主要分为 Actor 模型和 CSP 模型，CSP 模型全称为 Communicating Sequential Processes，CSP 模型由并发执行实体（进程、线程或协程）和消息通道组成，实体之间通过消息通道发送消息进行通信。和 Actor 模型不同，CSP 模型关注的是消息发送的载体即通道，而不是发送消息的执行实体。

Go 语言的并发模型参考了 CSP 理论，其中执行实体对应的是 Goroutine，消息通道对应的就是 Channel。

Channel 模型中，worker 之间不直接彼此联系，而是通过不同 Channel 进行消息的发布和侦听。消息的发送者和接收者之间通过 Channel 松耦合，发送者不知道自己的消息被哪个接收者消费了，接收者也不知道是哪个发送者发送消息。

1. Actor 模型

在 Actor 模型中，主角 Actor 类似一种 worker，Actor 彼此之间直接发送消息，不需要经过中介，消息是异步发送和处理的。Actor 之间直接通信，而 CSP 通过 Channel 通信，在耦合度上两者是有区别的，后者更加松耦合。

同时，它们都是描述独立的流程，即通过消息传递进行通信。其主要的区别：CSP 消息交换是同步的（即两个流程的执行"接触点"，他们在此交换消息），而 Actor 模型是完全解耦的，可以在任意的时间将消息发送给任何未经证实的接收者。Actor 享有更大的相互独立，因为其可以根据自己的状态选择处理哪个传入消息，自主性更大些。

在 Go 语言中为了不堵塞流程，程序员必须检查不同的传入消息，以便预见确保正确的顺序。CSP 的好处是 Channel 不需要缓冲消息，而 Actor 理论上需要一个无限大小的邮箱作为消息缓冲。如果说 Goroutine 是 Go 语言程序的并发体，那么 Channels 则是它们之间的通信机制。一个 Channel 是一个通信机制，它可以让一个 Goroutine 通过它给另一个 Goroutine 发送值信息。每个 Channel 都有一个特殊的类型，也就是 Channels 可发送数据的类型。一个可以发送 int 类型数据的 Channel 一般写为 chan int。

使用内置的 make 函数，可以创建一个 channel：

```
ch := make(chan int) // ch has type 'chan int'
```

和 map 类似，Channel 也对应一个 make 创建的底层数据结构的引用。当复制一个 Channel 或用于函数参数传递时，只是复制了一个 Channel 引用，因此调用者和被调用者将引用同一个 Channel 对象。和其他的引用类型一样，Channel 的零值也是 nil。

goroutine 与 channel 的通信如下所示。

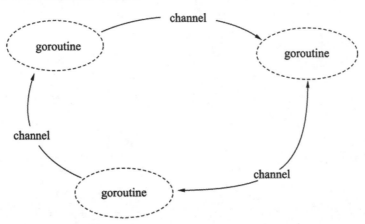

通过通道发送数据。使用make创建一个通道后，就可以使用"<-"向通道发送数据，代码如下：

```
// 创建一个空接口通道
ch := make(chan interface{})
// 将 0 放入通道中
ch <- 0
// 将 hello 字符串放入通道中
ch <- "hello"
```

2. 例子

```
package main
import (
    "fmt"
)
func main() {
    fmt.Println("!... 主协程开始 ...!")
    // 构建一个通道
    ch := make(chan int)
    // 开启一个子协程，并发匿名函数
    go func() {
        fmt.Println(" 开始子协程 ")
        // 通过通道通知主协程，主协程收到后会停止阻塞继续执行
        ch <- 0
        fmt.Println(" 退出子协程 ")
    }()
    fmt.Println(" 等待 ...")
    // 等待匿名 Goroutine，如果 go func 里没有输出 ch <- 0 就会一直阻塞在这里
    // 这里是主协程（go func() 外），go func() 里是一个子协程，它们怎么通信呢？就是通过 ch 进行通信
    <-ch
    fmt.Println(" 阻塞完毕 继续执行 ")
    fmt.Println("!... 主协程结束 ...!")
}
```

1.13 HTTP 服务

HTTP API 服务是 Go 中最常用最重要的功能之一，可以用最简单的几行代码写出一个性能强大的 HTTP 服务，这就是 Go 的魅力。

1.13.1 http server

```
package main
```

```
import (
    "fmt"
    "net/http"
)

func hello(w http.ResponseWriter, req *http.Request) {
    fmt.Fprintf(w, "hello http\n")
    w.Write([]byte("hello"))
}

func main() {
        // 定义 API 要访问的处理函数
        http.HandleFunc("/hello", hello)
        // 开启 HTTP 服务 : 是指任何 IP
        http.ListenAndServe(":8090", nil)
        // 也可以指定 IP
        //http.ListenAndServe("127.0.0.1:8090", nil)
}
```

启动以后打开浏览器，输入 : http://127.0.0.1:8090/hello，就会调用后台的 hello 函数并输出 hello http。这样一个高性能的 http 服务就启动起来了，是不是很简单?

1.13.2　一个优化的 http 服务

```
/*
包 gorilla/mux 实现了一个请求路由器和调度程序，用于将传入的请求与它们各自的处理程序进行匹配。名称
mux 代表 " HTTP 请求多路复用器"。与标准库的 http.ServeMux 一样，mux.Router 将传入的请求与已注册
的路由列表进行匹配，并为与 URL 或其他条件匹配的路由调用处理程序。主要特点是 : 它实现了 http.Handler
接口，因此与标准兼容 http.ServeMux。可以基于 URL 主机、路径、路径前缀、方案、标头和查询值，HTTP
方法或使用自定义匹配器来匹配请求。
URL 主机，路径和查询值可以具有带可选正则表达式的变量。可以构建或 "反转" 已注册的 URL，这有助于维护
对资源的引用。
路由可用作子路由 : 仅在父路由匹配时才测试嵌套路由。这对于定义具有共同条件（例如主机，路径前缀或其他
重复属性）的路由组很有用。另外，这可以优化请求匹配。
*/
package main

import (
    "fmt"
    "log"
    "net/http"
    "time"
    "github.com/gorilla/mux"
)
```

```go
func helloTask(w http.ResponseWriter, req *http.Request) {
    fmt.Fprintf(w, "hello\n")
    w.Write([]byte("hello"))
}

func main() {
    startHttpServer()
}

func startHttpServer() {
    //http := ModifierMiddleware
    router := mux.NewRouter()

    // 通过完整的 path 来匹配
    router.HandleFunc("/api/hello", helloTask)

    srv := &http.Server{
        Handler: router,
        Addr:    ":8090",
        // Good practice: enforce timeouts for servers you create!
        WriteTimeout: 15 * time.Second,
        ReadTimeout:  15 * time.Second,
    }
    log.Fatal(srv.ListenAndServe())
}
```

1.13.3　http 文件服务

```go
package main

import (
    "fmt"
    "log"
    "net/http"
    "os"
    "os/exec"
    "path/filepath"
    "time"
    "github.com/gorilla/mux"
)
func helloTask(w http.ResponseWriter, req *http.Request) {
    fmt.Fprintf(w, "hello\n")
```

```go
        w.Write([]byte("hello"))
}
func main() {
    startHttpServer()
}
func startHttpServer() {
    //http := ModifierMiddleware
    router := mux.NewRouter()
    // 通过完整的 path 来匹配
    router.HandleFunc("/api/hello", helloTask)
    // 静态文件路由
    // 把 xx.png 文件放在 file 目录下，就可以通过 http://127.0.0.1:8090/file/xx.png 下载了
    curdir, _ := GetCurrentPath()
    PthSep := string(os.PathSeparator)
    filePath := curdir + PthSep + "file"
    router.PathPrefix("/file/").Handler(http.StripPrefix("/file/", http.
    FileServer(http.Dir(filePath))))

    srv := &http.Server{
        Handler:      router,
        Addr:         ":8090",
        WriteTimeout: 15 * time.Second,
        ReadTimeout:  15 * time.Second,
    }

    log.Fatal(srv.ListenAndServe())

}


// 获取当前运行目录
func GetCurrentPath() (dir string, err error) {
    path, err := exec.LookPath(os.Args[0])
    if err != nil {
        log.Println("exec.LookPath(%s), err: %s\n", os.Args[0], err)
        return "", err
    }
    absPath, err := filepath.Abs(path)
    if err != nil {
        log.Println("filepath.Abs(%s), err: %s\n", path, err)
        return "", err
    }
    dir = filepath.Dir(absPath)
    return dir, nil
}
```

1.13.4　中间件与跨域处理

如果一个 HTTP 服务需要前置过滤或者阻挡统计等就需要用到中间件了，代码如下：

```go
package main

import (
    "fmt"
    "log"
    "net/http"
    "os"
    "os/exec"
    "path/filepath"

    "github.com/gorilla/mux"
)

func helloTask(w http.ResponseWriter, req *http.Request) {
    fmt.Fprintf(w, "hello\n")
    w.Write([]byte("hello"))
}
func hiTask(w http.ResponseWriter, req *http.Request) {
    fmt.Fprintf(w, "hi\n")
    w.Write([]byte("hi"))
}
func main() {
    startHttpServer()
}
func startHttpServer() {
    //http := ModifierMiddleware
    serv := mux.NewRouter()
    http_port := "8090"

    // 通过完整的path来匹配
    serv.HandleFunc("/api/login", helloTask)

    errser := http.ListenAndServe(":"+http_port, httpMiddleware(serv))
    if errser != nil {
        log.Println(errser)
    }

}
// 获取当前运行目录
// 跨域处理的中间件HTTP服务所有的请求都会经过这里处理
func httpMiddleware(h http.Handler) http.Handler {
```

```
    return http.HandlerFunc(func(w http.ResponseWriter, r *http.Request) {

        w.Header().Set("Access-Control-Allow-Origin", "*")
        w.Header().Set("Access-Control-Allow-Methods", "POST, GET, OPTIONS, PUT, DELETE")
        w.Header().Set("Access-Control-Allow-Headers", "Origin, Authorization,
        Origin, X-Requested-With, Content-Type, Accept,common")

        h.ServeHTTP(w, r)

        if r.Method == "OPTIONS" {
            return
        }
    })
}
```

1.13.5　HTTP Get

```
package main

import (
    "fmt"
    "io/ioutil"
    "net/http"
)

func main() {
    // 发送请求
    resp, err := http.Get("https://www.xxxxx.com")
    if err != nil {
        print(err)
    }
    defer resp.Body.Close()
    // 读取回复内容
    body, err := ioutil.ReadAll(resp.Body)
    if err != nil {
        print(err)
    }
    fmt.Print(string(body))
}
```

Go语言从基础到中台微服务实战开发

1.13.6　HTTP Post

```go
package main

import (
    "fmt"
    "io/ioutil"
    "net/http"
    "net/url"
)

func main() {
    // 发送请求
    //resp, err := http.Post("http://example.com/upload", "image/jpeg", &buf)
    resp, err := http.PostForm("http://xx.com", url.Values{"q": {"github"}})
    if err != nil {
        print(err)
    }
    defer resp.Body.Close()
    // 读取回复内容
    body, err := ioutil.ReadAll(resp.Body)
    if err != nil {
        print(err)
    }
    fmt.Print(string(body))
}
```

1.13.7　HTTP Client

```go
//HTTP Client 提供更复杂强大的自定义请求

package main

import (
    "bytes"
    "crypto/tls"
    "io/ioutil"
    "log"
    "net"
    "net/http"
    "net/url"
    "strings"
```

```go
        "time"
)

func main() {
    data := url.Values{}

    data.Add("username", "aaa")
    data.Add("password", "111")
    urls := "http://127.0.0.1:8094/login"
    body, err := myhttpRequest(urls, data)
    if err != nil {

        log.Println(err.Error())

    }
    log.Println(string(body))
}

var transport *http.Transport
var client *http.Client

func myhttpRequest(url string, params url.Values) (body []byte, err error) {

    if transport == nil {
        if strings.Contains(url, "https") {

            transport = &http.Transport{
                TLSClientConfig:  &tls.Config{InsecureSkipVerify: true},
                DisableKeepAlives: true,
            }
        } else {
            transport = &http.Transport{
                Dial: (&net.Dialer{
                    Timeout: 10 * time.Second,
                }).Dial,
                TLSHandshakeTimeout: 10 * time.Second,
            }
        }
        client = &http.Client{
            Transport: transport,
            Timeout:   time.Second * 10,
        }

    }
```

```go
req, err := http.NewRequest("POST", url, bytes.NewBufferString(params.Encode()))
if err != nil {
    log.Println("Error Occured. %+v", err)
    return nil, err
}
//("Authorization", " Bearer " + authorization);
req.Header.Set("Content-Type", "application/x-www-form-urlencoded")
res, errr := client.Do(req)
//res, errr := client.Post(url, "application/x-www-form-urlencoded", nil)
//strings.NewReader("name=cjb")
if errr != nil {
    log.Println("client.Post error")
    log.Println(errr)
    log.Println(url)
    return nil, errr
}

bodyy, err := ioutil.ReadAll(res.Body)
if err != nil {
    log.Println("client.Post read error")
    log.Println(err)
    return nil, err
}
res.Body.Close()
return bodyy, err

}
```

1.13.8 使用 HTTP/2

1. HTTP/1.1 存在的问题

① TCP 连接数限制

对于同一个域名，浏览器最多只能同时创建 6~8 个 TCP 连接（不同浏览器不一样）。为了解决数量限制问题，出现了域名分片技术，其实就是资源分域。将资源放在不同域名下（比如二级子域名下），就可以针对不同域名创建连接并请求，以一种讨巧的方式突破限制，但是滥用此技术也会造成很多问题，比如每个 TCP 连接本身需要经过 DNS 查询、三步握手和慢启动等，还占用额外的 CPU 和内存，对于服务器来说过多地连接也容易造成网络拥挤和交通阻塞等，对于移动端来说问题更明显。

②线头阻塞（Head Of Line Blocking）问题

每个 TCP 连接同时只能处理一个请求—响应，浏览器按 FIFO 原则处理请求，如果上一个响应没有返回，后续请求—响应都会受阻。为了解决此问题，出现了管线化——pipelining 技术，但是管线化存在诸多问题，比如第一个响应慢还是会阻塞后续响应，服务器为了按序返回相应需要缓存多个响应且占用更多资源，浏览器中途断连重试服务器可能得重新处理多个请求，还有必须在客户端—代理—服务器都支持管线化。

③ Header 内容多

每次请求 Header 不会变化太多，没有相应的压缩传输优化方案。

④尽可能减少请求数

需要做合并文件、雪碧图和资源内联等优化工作，但是这无疑造成了单个请求内容变大延迟变高的问题，且内嵌的资源不能有效地使用缓存机制。

⑤明文传输不安全

HTTP/2 新增特性如下：

● 二进制分帧 (HTTP Frames)

● 多路复用

● 头部压缩

● 服务端推送 (Server Push)

多路复用，只需一个连接即可实现并行。

2. 什么是多路复用

在 HTTP 1.1 中，发起一个请求的过程如下：

浏览器请求 URLl → 解析域名 → 建立 HTTP 连接 → 服务器处理文件 → 返回数据 → 浏览器解析与渲染文件。

这个流程最大的问题是，每次请求都需要建立一次 HTTP 连接，也就是常说的 3 次握手 4 次挥手，这个过程在一次请求过程中占用了相当长的时间，而且逻辑上是非必需的，因为不间断的请求数据，第一次建立连接是正常的，以后就占用这个通道下载其他文件，这样效率多高啊！为了解决这个问题，HTTP 1.1 中提供了 Keep-Alive，允许建立一次 HTTP 连接，来返回多次请求数据。但是这里有两个问题：

① HTTP 1.1 基于串行文件传输数据，所以这些请求必须是有序的。因此实际上只是节省了建立连接的时间，而获取数据的时间并没有减少。

②最大并发数问题，假设我们在 Apache 中设置了最大并发数 300，而因为浏览器本身的限制，最大请求数为 6，那么服务器能承载的最高并发数是 50。而 HTTP/2 引入二进制数据帧和流的概念，其中帧对数据进行顺序标识，这样浏览器收到数据之后，就可以按照序列对数据进行合并，而不会出现合并后数据错乱的情况。同样是因为有了序列，服务器就可以并行地传输数据。

HTTP/2 对同一域名下所有请求都是基于流，也就是说同一域名不管访问多少文件，也只建立一路连接。同样 Apache 的最大连接数为 300，因为有了这个新特性，最大的并发可以提升到 300，比原来提升了 6 倍。

3. 头部压缩

在 HTTP/1.x 中，每次 HTTP 请求都会携带需要的 header 信息，这些信息以纯文本形式传递，所以每次的请求和响应都会浪费一些带宽，如果 header 信息中包含 cookie 等之类的信息，那么浪费的带宽就更可观了。为了减少带宽开销和提升性能，HTTP/2 使用 HPACK 压缩格式压缩请求和响应标头元数据，这种格式采用两种简单但强大的技术。

这种格式支持通过静态 Huffman 编码对传输的 header 字段进行编码，从而减小了传输的大小。这种格式要求客户端和服务器同时维护和更新一个包含之前见过的 header 字段的索引列表（换句话说，它可以建立一个共享的压缩上下文），此列表随后会用作参考，对之前传输的值进行有效编码。

利用 Huffman 编码，可以在传输时对各个值进行压缩，而利用之前传输值的索引列表可以通过传输索引值的方式对重复值进行编码，索引值可用于有效查询和重构完整的标头键值对。

4. 服务端推送

服务端推送（Server Push）是指服务端主动向客户端推送数据，相当于对客户端的一次请求，服务端可以主动返回多次结果。这个功能打破了严格的请求—响应的语义，在客户端和服务端双方通信的互动上，开启了一个崭新的可能性。但这个推送跟 websocket 中的推送功能不是一回事，Server Push 的存在不是为了解决 websocket 推送的这种需求。

在 1.6 以上的版本，如果使用 HTTPS 模式启动服务器，那么服务器默认将使用 HTTP 2.0，代码如下：

```go
package main

import(
    "net/http"
    "golang.org/x/net/http2"
    "log"
)
func main(){
    var srv http.Server
    //http2.VerboseLogs = true
    srv.Addr = ":8080"
    http.HandleFunc("/", func(w http.ResponseWriter, r *http.Request) {
        w.Write([]byte("hello http2"))
    })
    http2.ConfigureServer(&srv, &http2.Server{})
    go func() {
        log.Fatal(srv.ListenAndServeTLS("cert.pem", "key.pem"))
    }()
    select {}
}
```

1.14 HTTPS 服务

1.14.1 生成 HTTPS 证书

1. 方式 1

利用 https://github.com/FiloSottile/mkcert 生成 https 证书。安装 mkcert :

mac OS 命令行执行 :

```
brew install mkcert
```

Linux 命令行执行 :

```
cd $GOROOT
wget
https://github.com/rfay/mkcert/releases/download/v1.4.1-alpha1/mkcert-v1.4.1-
alpha1-linux-amd64
-O $GOROOT/bin/mkcert
    chmod 771  $GOROOT/bin/mkcert

    sudo apt install libnss3-tools
    或
    sudo yum install nss-tools
    或
    sudo pacman -S nss
    或
    sudo zypper install mozilla-nss-tools
windows
choco install mkcert
$ mkcert -install
```

就会创建一个本地证书位于 "/Users/yourusername/Library/Application Support/mkcert"。

The local CA is now installed in the system trust store!

The local CA is now installed in the Firefox trust store（requires browser restart)!

$ mkcert example.com "*.example.com"example.test localhost 127.0.0.1 ::1

使用本地证书位于 "/Users/filippo/Library/Application Support/mkcert"。

根据下面信息创建证书 :

```
 - "example.com"
 - "*.example.com"
 - "example.test"
 - "localhost"
 - "127.0.0.1"
 - "::1"
```

就会生成 "./example.com+5.pem" 和 "./example.com+5-key.pem" 两个证书文件。

2. 方式 2

先请求生成证书：

```
# Generate private key (.key)
# Key considerations for algorithm "RSA" ≥ 2048-bit
openssl genrsa -out server.key 2048

# Key considerations for algorithm "ECDSA" ≥ secp384r1
# List ECDSA the supported curves (openssl ecparam -list_curves)
openssl ecparam -genkey -name secp384r1 -out server.key

# Generation of self-signed(x509) public key (PEM-encodings .pem|.crt) based on the private (.key)
openssl req -new -x509 -sha256 -key server.key -out server.crt -days 3650
```

1.14.2　HTTPS 服务

```go
package main

import (
    // "fmt"
    // "io"
    "log"
    "net/http"
)

func HelloServer(w http.ResponseWriter, req *http.Request) {
    w.Header().Set("Content-Type", "text/plain")
    w.Write([]byte("This is an example server.\n"))
    // fmt.Fprintf(w, "This is an example server.\n")
    // io.WriteString(w, "This is an example server.\n")
}

func main() {
    http.HandleFunc("/hello", HelloServer)
    // 这样就可以启动一个简单的 https 服务
    err := http.ListenAndServeTLS(":443", "server.crt", "server.key", nil)
    if err != nil {
        log.Fatal("ListenAndServe: ", err)
    }
}
// 访问  curl -sL https://localhost:443 | xxd 即可输出
```

1.14.3　自动生成和更新 HTTPS 证书

实现 HTTPS 需要申请证书，而且这个费用不低，有没有免费的呢？答案是有的，Let's Encrypt 提供了免费的 HTTPS 证书，但是有效期只有 3 个月，但是可以实现自动续期更新，这都已实现。请看一个例子，代码如下：

```go
/*
该代码将通过 HTTPS 为的 HTTP 路由器多路复用器提供服务，并带有 HTTP → HTTPS 重定向。它获取并更
新 TLS 证书。  它为 OCSP 响应提供了重要信息，以提高隐私性和安全性。只要开发者的域名指向其服务器，
CertMagic 就会保持其连接的安全。

与其他用于 Go 的 ACME 客户端库相比，仅 CertMagic 支持全套 ACME 功能，而其他任何库都不符合 CertMagic
的成熟度和可靠性。
*/

package main

import (
    "fmt"
    "net/http"

    "github.com/caddyserver/certmagic"
    "github.com/gorilla/mux"
    //certmagic project needs Go 1.14
)

func main() {
    serv := mux.NewRouter()
    serv.HandleFunc("/hi", hiTask)
    // read and agree to your CA's legal documents
    certmagic.DefaultACME.Agreed = true
    // provide an email address
    certmagic.DefaultACME.Email = "你的邮箱"
    // use the staging endpoint while we're developing
    // 生产环境用 LetsEncryptProductionCA
    // 测试环境用 LetsEncryptStagingCA 会显示不安全
    certmagic.DefaultACME.CA = certmagic.LetsEncryptProductionCA fmt.
    Println("start https server")
    err := certmagic.HTTPS([]string{"你的域名"}, serv)
        // 要保证服务器的 80 端口不被占用，指定的域名指向改服务器
        //go run main.go 启动后就可用 https:// 你的域名 /hi 访问了

    if err != nil {
        fmt.Println(err.Error())
```

```
    }
}

func hiTask(w http.ResponseWriter, r *http.Request) {
    w.Write([]byte("hi https"))
}
```

1.14.4 SNI

SNI（Server Name Indication）由于服务器能力的增强，在一台物理服务器上部署多个虚拟主机已经成为十分流行的做法了。在过去的 HTTP 时代，解决基于名称的主机同一 IP 地址上托管多个网站的问题并不难。当一个客户端请求某特定网站时，把请求的域名作为主机头（host）放在 http header 中，服务器从而根据域名可以知道把该请求引向哪个域名服务，并把匹配的网站传送给客户端。但是此方式到 HTTPS 就失效了，因为 SSL 在握手的过程中不会有 host 信息，所以服务端通常返回配置中的第一个可用证书，这就导致不同虚拟主机上的服务不能使用不同证书（但在实际中，证书通常是与服务对应的）。

为了解决此问题，有了 SNI，SNI 中文名为服务器名称指示，是对 SSL/TLS 协议的扩展，允许在单个 IP 地址上承载多个 SSL 证书。SNI 的实现方式是将 HTTP 头插入 SSL 的握手中，提交请求的 Host 信息，使服务器能够切换到正确的域并返回相应的正确证书。

服务端代码如下：

```
package main

import (
    "crypto/tls"
    "log"
    "net/http"
    "time"
)

func myHandler(w http.ResponseWriter, r *http.Request) {
    w.Write([]byte("tls"))
}

func main() {
    t := log.Logger{}
    var err error
    tlsConfig := &tls.Config{}
    tlsConfig.Certificates = make([]tls.Certificate, 3)
    // 加载多个域名的证书
    tlsConfig.Certificates[0], err = tls.LoadX509KeyPair("test0.pem", "key.pem")
    if err != nil {
```

```
        t.Fatal(err)
    }
    tlsConfig.Certificates[1], err = tls.LoadX509KeyPair("test1.pem", "key.pem")
    if err != nil {
        t.Fatal(err)
    }
    tlsConfig.Certificates[2], err = tls.LoadX509KeyPair("test2.pem", "key.pem")
    if err != nil {
        t.Fatal(err)
    }
    tlsConfig.BuildNameToCertificate()

    http.HandleFunc("/", myHandler)
    server := &http.Server{
        ReadTimeout:    10 * time.Second,
        WriteTimeout:   10 * time.Second,
        MaxHeaderBytes: 1 << 20,
        TLSConfig:      tlsConfig,
    }

    listener, err := tls.Listen("tcp", ":8443", tlsConfig)
    if err != nil {
        t.Fatal(err)
    }
    log.Fatal(server.Serve(listener))
}
```

客户端代码如下：

```
// 请求到 '127.0.0.1:443'
req, _ := http.NewRequest("GET", "https://127.0.0.1/example", nil)

// 虚拟主机设置为 'example.com'
req.Host = "example.com"

// 'example.com' 的 SNI 设置
client := http.Client{
    Transport: &http.Transport{
        TLSClientConfig: &tls.Config{
            ServerName: req.Host,   // here
        },
    },
}

client.Do(req)
```

1.15 TCP/UDP 服务

TCP 的优点：稳定的可靠性。现在 TCP 在传递数据之前，会有 3 次握手来建立连接，而且在数据传递时，有确认、窗口、重传和拥塞控制机制，在数据传完后，还会断开连接用来节约系统资源。TCP 的缺点：慢、效率低、占用系统资源高、易被攻击。TCP 在传递数据之前，要先建立连接，这很消耗时间，而且在数据传递时，确认机制、重传机制和拥塞控制机制等都会消耗大量的时间，而且要在每台设备上维护所有的传输连接。事实上，每个连接都会占用系统的 CPU 和内存等硬件资源。因为 TCP 有确认机制和 3 次握手机制，这些也导致 TCP 容易被人利用，实现 DOS、DDOS 和 CC 等攻击。

UDP 的优点：快，比 TCP 稍安全。UDP 没有 TCP 的握手、确认、窗口、重传和拥塞控制等机制，UDP 是一个无状态的传输协议，所以它在传递数据时非常快。没有 TCP 的这些机制，UDP 较 TCP 被攻击者利用的漏洞就要少一些。但 UDP 也是无法避免攻击的，比如 UDP Flood 攻击。UDP 的缺点：不可靠，不稳定。因为 UDP 没有 TCP 那些可靠的机制，如果网络质量不好，在数据传递时就会很容易丢包。

TCP 与 UDP 的区别如下。

①基于连接与无连接。

②对系统资源的要求（TCP 较多，UDP 少）。

③ UDP 程序结构较简单。

④流模式与数据报模式。

⑤ TCP 保证数据正确性，UDP 可能丢包，TCP 保证数据顺序，UDP 不保证。

TCP 应用场景如下。

效率要求相对低，但对准确性要求相对高的场景。因为传输中需要对数据确认、重发和排序等操作，相比之下效率没有 UDP 高。比如文件传输（准确性要求高，但是速度可以相对慢）、接收邮件和远程登录。

UDP 应用场景如下。

①效率要求相对高，对准确性要求相对低的场景，比如在线视频和网络语音电话。

②对数据安全性无特殊要求。

③网络负担非常重，但对响应速度要求高。

1.15.1 TCP Server 服务端

```
package main

import (
    "fmt"
    "net"
```

```go
        "os"
)

const (
    CONN_HOST = "localhost"
    CONN_PORT = "3333"
    CONN_TYPE = "tcp"
)

func main() {
    // 监听传入的连接
    l, err := net.Listen(CONN_TYPE, CONN_HOST+":"+CONN_PORT)
    if err != nil {
        fmt.Println("Error listening:", err.Error())
        os.Exit(1)
    }
    // 当应用程序关闭时关闭监听器
    defer l.Close()
    fmt.Println("Listening on " + CONN_HOST + ":" + CONN_PORT)
    for {
        // 监听传入的连接
        conn, err := l.Accept()
        if err != nil {
            fmt.Println("Error accepting: ", err.Error())
            os.Exit(1)
        }
        // 在新的 Goroutine 中处理连接
        go handleRequest(conn)
    }
}

// 处理传入的请求
func handleRequest(conn net.Conn) {
    // 创建一个缓冲区以保存传入的数据
    buf := make([]byte, 1024)
    // 将传入的连接读入缓冲区
    reqLen, err := conn.Read(buf)
    if err != nil {
        fmt.Println("Error reading:", err.Error())
    }
    fmt.Println(reqLen)
    // 将回复发送给与我们联系的人
    conn.Write([]byte("Message received."))
    // 完成连接后，关闭连接
    conn.Close()
```

```go
}

// 例子2  采用原生的net

package main

import (
    "bufio"
    "fmt"
    "net"

    //"os"
    "strconv"
    "strings"
)

var count = 0

func handleConnection(c net.Conn) {
    fmt.Print(".")
    for {
        //读取客户端数据
        netData, err := bufio.NewReader(c).ReadString('\n')
        if err != nil {
            fmt.Println(err)
            return
        }

        temp := strings.TrimSpace(string(netData))
        if temp == "STOP" {
            break
        }
        fmt.Println(temp)
        counter := strconv.Itoa(count) + "\n"
        //给客户端发送数据
        c.Write([]byte(string(counter)))
    }
    c.Close()
}

func main() {

    PORT := ":8082"
    l, err := net.Listen("tcp4", PORT)
    if err != nil {
```

```
        fmt.Println(err)
        return
    }
    defer l.Close()
    for {
        c, err := l.Accept()
        if err != nil {
            fmt.Println(err)
            return
        }
        // 每多一个连接 count 就加 1
        go handleConnection(c)
        count++
    }
}
```

1.15.2 TCP Client 客户端

```
package main

import (
    "net"
    "os"
)

func main() {
    strEcho := "Halo"
    servAddr := "localhost:8000"          // 启动端口
    tcpAddr, err := net.ResolveTCPAddr("tcp", servAddr)
    if err != nil {
        println("ResolveTCPAddr failed:", err.Error())
        os.Exit(1)
    }
    // 连接 TCP 服务
    conn, err := net.DialTCP("tcp", nil, tcpAddr)
    if err != nil {
        println("Dial failed:", err.Error())
        os.Exit(1)
    }
    // 发送消息 strEcho
    _, err = conn.Write([]byte(strEcho))
    if err != nil {
        println("Write to server failed:", err.Error())
```

```
            os.Exit(1)
    }
    println("write to server = ", strEcho)
    // 发送后从服务端接收返回消息
    reply := make([]byte, 1024)
    _, err = conn.Read(reply)
    if err != nil {
        println("Write to server failed:", err.Error())
        os.Exit(1)
    }
    println("reply from server=", string(reply))
    // 关闭连接
    conn.Close()
}
// 例2 的 client

package main

import (
    "fmt"
    "net"
    "time"
)

var conn net.Conn
var err error

func main() {

    CONNECT := "127.0.0.1:8082"
    conn, err = net.Dial("tcp", CONNECT)
    if err != nil {
        fmt.Println(err)
        return
    }
    for i := 0; i < 20; i++ {
        fmt.Println("write")
        time.Sleep(time.Duration(2) * time.Second)
        //conn.Write([]byte("sdfsdfsdf"))
        fmt.Fprintf(conn, "32233232\n")
    }
}
```

1.15.3　TLS Server

```go
package main
// TLS (transport layer security)
import (
    "bufio"
    "crypto/tls"
    "log"
    "net"
)
func main() {
    log.SetFlags(log.Lshortfile)
    cer, err := tls.LoadX509KeyPair("server.crt", "server.key")
    if err != nil {
        log.Println(err)
        return
    }

    config := &tls.Config{Certificates: []tls.Certificate{cer}}
    ln, err := tls.Listen("tcp", ":443", config)
    if err != nil {
        log.Println(err)
        return
    }
    defer ln.Close()
    for {
        conn, err := ln.Accept()
        if err != nil {
            log.Println(err)
            continue
        }
        go handleConnection(conn)
    }
}
func handleConnection(conn net.Conn) {
    defer conn.Close()
    r := bufio.NewReader(conn)
    for {
        msg, err := r.ReadString('\n')
        if err != nil {
            log.Println(err)
            return
        }
```

```
        println(msg)

        n, err := conn.Write([]byte("world\n"))
        if err != nil {
            log.Println(n, err)
            return
        }
    }
}
```

1.15.4 TLS Client

```
package main

import (
    "crypto/tls"
    "log"
)

func main() {
    log.SetFlags(log.Lshortfile)

    conf := &tls.Config{
        //InsecureSkipVerify: true,
    }

    conn, err := tls.Dial("tcp", "127.0.0.1:443", conf)
    if err != nil {
        log.Println(err)
        return
    }
    defer conn.Close()

    n, err := conn.Write([]byte("hello\n"))
    if err != nil {
        log.Println(n, err)
        return
    }

    buf := make([]byte, 100)
    n, err = conn.Read(buf)
    if err != nil {
        log.Println(n, err)
```

```
        return
    }

    println(string(buf[:n]))
}
```

1.15.5　UDP 服务

服务端代码如下：

```go
package main

import (
    "fmt"
    "math/rand"
    "net"

    "strconv"
    "strings"
    "time"
)

func random(min, max int) int {
    return rand.Intn(max-min) + min
}

func main() {

    PORT := ":8081"

    s, err := net.ResolveUDPAddr("udp4", PORT)
    if err != nil {
        fmt.Println(err)
        return
    }
        // 开启服务倾听
    connection, err := net.ListenUDP("udp4", s)
    if err != nil {
        fmt.Println(err)
        return
    }

    defer connection.Close()
    buffer := make([]byte, 1024)
```

```
        rand.Seed(time.Now().Unix())

        for {
// 接收数据
            n, addr, err := connection.ReadFromUDP(buffer)
            fmt.Print("-> ", string(buffer[0:n-1]))

            if strings.TrimSpace(string(buffer[0:n])) == "STOP" {
                fmt.Println("Exiting UDP server!")
                return
            }
            // 发送
            data := []byte(strconv.Itoa(random(1, 1001)))
            fmt.Printf("data: %s\n", string(data))
            _, err = connection.WriteToUDP(data, addr)
            if err != nil {
                fmt.Println(err)
                return
            }
        }
}
```

客户端代码如下：

```
package main
import (
    "bufio"
    "fmt"
    "net"
    "os"
    "strings"
)
func main() {
    CONNECT := "127.0.0.1:8081"
    s, err := net.ResolveUDPAddr("udp4", CONNECT)
    c, err := net.DialUDP("udp4", nil, s)
    if err != nil {
        fmt.Println(err)
        return
    }
    fmv.Printf("The UDP server is %s\n", c.RemoteAddr().String())
    defer c.Close()

    for {
        // 读取命令行输入的文字发送
```

```
    reader := bufio.NewReader(os.Stdin)
    fmt.Print(">> ")
    text, _ := reader.ReadString('\n')
    data := []byte(text + "\n")
    _, err = c.Write(data)
    if strings.TrimSpace(string(data)) == "STOP" {
        fmt.Println("Exiting UDP client!")
        return
    }
    if err != nil {
        fmt.Println(err)
        return
    }
    buffer := make([]byte, 1024)
    n, _, err := c.ReadFromUDP(buffer)
    if err != nil {
        fmt.Println(err)
        return
    }
    fmt.Printf("Reply: %s\n", string(buffer[0:n]))
    }
}
```

1.16 Go 并发

Go 控制并发有三种方式：sync.WaitGroup、channel 和 Context。

1.16.1 sync.WaitGroup

```
package main

import (
    "fmt"
    //"strconv"
    "sync"
    "time"
)

func testAsync() {
    fmt.Println("aaa \n")
    // 开启一个协程去执行任务
```

```go
        go asyncFunc("bbb1 \n")
        fmt.Println("ccc \n")

}
func testAsyncSleep() {
        fmt.Println("aaa \n")
        // 开启一个协程去执行任务
        go asyncFunc("bbb2 \n")
        fmt.Println("ccc \n")
        // 在结束前等待一下
        time.Sleep(1 * time.Second)
}

func asyncFunc(str string) {
        fmt.Println(str)
}

// 使用WaitGroups控制并发，等待返回
func testAsyncWait() {
        fmt.Println("aaa")

        var waitgroup sync.WaitGroup
        // 开启协程执行一个任务就add(1)，执行完就Add(-1)或done
        waitgroup.Add(10)
        // 异步执行10个任务
        for i := 0; i < 10; i++ {

                go func(index int) {
                        fmt.Println(index)
                        // 任务执行完毕，协程个数减1
                        waitgroup.Done()
                        //waitgroup.Add(-1)
                }(i)
        }
        // 这里一直在等待，waitgroup里的任务数量清零
        waitgroup.Wait()

        fmt.Println("ccc")
        /*
            输出，其中1~10是随机的乱序的，每次执行的次序都不一样
            aaa
            0
            1
            9
            6
```

```
            7
            5
            8
            2
            4
            3
            ccc
    */

}

// 如果 WaitGroup, 执行超时, waitgroup.Wait() 一直在等待怎么办? 可以加一个超时控制
/*
先从官方文档看一下有关 select 的描述:

A "select" statement chooses which of a set of possible send or receive operations
will proceed. It looks similar to a "switch" statement but with the cases all
referring to communication operations.
一个 select 语句用来选择哪个 case 中的发送或接收操作可以被立即执行。它类似于 switch 语句, 但是它的
case 涉及 channel 有关的 I/O 操作。

*/
func testWaitGroupTimeOut() {
    var w = sync.WaitGroup{}
    var ch = make(chan bool)
    w.Add(2)
    // 执行任务 1
    go func() {
        time.Sleep(time.Second * 2)
        fmt.Println("等2秒")
        w.Done()
    }()
    // 执行任务 2
    go func() {
        time.Sleep(time.Second * 6)
        fmt.Println("等6秒")
        w.Done()
    }()
    go func() {
        w.Wait()
        // 执行完毕, 向 ch 写入数据
        ch <- false
    }()
    //select 就是用来监听和 channel 有关的 I/O 操作, 当 I/O 操作发生时, 触发相应的动作
    select {
```

```
        case <-time.After(time.Second * 5):
            fmt.Println(" 超时了 ")
        case <-ch:
            // 如果成功地向 ch 写入数据，则进行该 case 处理语句
            fmt.Println(" 结束了 ")
        }
}


func main() {
    // 测试
    testWaitGroupTimeOut()

    /*
        输出
         aaa   ccc
        并没有输出 bbb，原因是主程序在协程执行之前就已经退出了
        如果要等待 bbb 输出，必须等待足够的事件，等待 asyncFunc 执行完毕
        执行 testAsyncWait 将会看到输出
         aaa   ccc   bbb1
    */


}
```

1.16.2　channel 控制并发

（1）channel 的类型

channel 分为不带缓存的 channel 和带缓存的 channel。

（2）无缓存的 channel

从无缓存的 channel 中读取消息会阻塞，直到有 Goroutine 向该 channel 中发送消息；同理，向无缓存的 channel 中发送消息也会阻塞，直到有 Goroutine 从 channel 中读取消息。

（3）有缓存的 channel

有缓存的 channel 的声明方式为指定 make 函数的第二个参数，该参数为 channel 缓存的容量。

```
ch := make(chan int, 10)
```

有缓存的 channel 类似一个阻塞队列（采用环形数组实现）。当缓存未满时，向 channel 中发送消息时不会阻塞，当缓存满时，发送操作将被阻塞，直到有其他 Goroutine 从中读取消息；相应的，当 channel 中消息不为空时，读取消息不会出现阻塞；当 channel 为空时，读取操作会造成阻塞，直到有 Goroutine 向 channel 中写入消息，代码如下：

```
ch := make(chan int, 3)
```

```
// 阻塞, 从一个空的 channel 中读取会导致阻塞
<- ch

ch := make(chan int, 3)
ch <- 1
ch <- 2
ch <- 3

// 阻塞, channel 已经满了, 会一直阻塞, 直到 channel 有数据被读出
ch <- 4
// 通过 len 函数可以获得 chan 中的元素个数, 通过 cap 函数可以得到 channel 的缓存长度

// 看一个 effective go 中的例子

c := make(chan int)          // Allocate a channel.

// Start the sort in a goroutine; when it completes, signal on the channel.
go func() {
    list.Sort()
    c <- 1                   // 发送信号给 c 告知已完成任务
}()

doSomethingForAWhile()
<-c  // 阻塞, 等待信号, 直到有信号输出
// 主 Goroutine 会阻塞, 直到执行 sort 的 Goroutine 完成
```

1.16.3 Context

```
/*
在 Golang 中的创建一个新的协程并不会返回像 C 语言创建一个线程一样类似的 pid, 这样就导致其不能从外部
停掉某个线程, 所以我们就得让它自己结束。
当然也可以采用 channel + select 的方式来解决这个问题, 不过场景很复杂时, 我们就需要花费很大的精力去
维护 channel 与这些协程之间的关系, 这就导致了我们的并发代码变得很难维护和管理。
context 的产生, 正是因为协程的管理问题, Golang 官方从 1.7 之后引入了 context, 用来专门管理协程之
间的关系。
Google 的解决方法是 Context 机制, 相互调用的 Goroutine 之间通过传递 context 变量保持关联, 这样在
不用暴露各 Goroutine 内部实现细节的前提下, 有效地控制各 Goroutine 的运行。通过传递 context 就可以
追踪 Goroutine 调用树, 并在这些调用树之间传递通知和元数据。
虽然 Goroutine 之间是平行的, 没有继承关系, 但是 context 设计成包含父子关系的形式, 这样可以更好地描
述 Goroutine 调用之间的树形关系。
context 包的核心就是 Context 接口, 其定义如下:
type Context interface {
    Deadline() (deadline time.Time, ok bool)
```

```
    Done() <-chan struct{}
    Err() error
    Value(key interface{}) interface{}
}


Deadline 方法
返回一个超时时间。到了该超时时间，该 context 所代表的工作将被取消继续执行。Goroutine 获得了超时时
间后，可以对某些 io 操作设定超时时间。


Done 方法
返回一个通道（channel）。当 context 被撤销或过期时，该通道被关闭。它是一个表示 context 是否已关闭
的信号。


Err 方法
当 Done 通道关闭后，Err 方法返回值为 context 被撤的原因。


Value 方法
可以让 Goroutine 共享一些数据，当然获得数据是协程安全的。但使用这些数据时要注意同步，比如返回了一个
map，而这个 map 的读写则要加锁。
注意：context 包里的方法线程是安全的，可以被多个线程使用。
context 接口没有提供方法来设置其值和过期时间，也没有提供方法直接将其自身撤销。也就是说，context 不
能改变和撤销其自身。
*/
package main

import (
    "fmt"
    "net/http"
    "time"
)

func hello(w http.ResponseWriter, req *http.Request) {

    ctx := req.Context()
    fmt.Println("server: 处理开始 ")
    defer fmt.Println("server: 处理结束 ")

    select {
    case <-time.After(10 * time.Second):
        fmt.Fprintf(w, "hello\n")
    case <-ctx.Done():

        err := ctx.Err()
        fmt.Println("server:", err)
        internalError := http.StatusInternalServerError
```

```go
        http.Error(w, err.Error(), internalError)
    }
}

func main() {

    http.HandleFunc("/hello", hello)
    http.ListenAndServe(":8090", nil)

}

func httpContext() {
    // 创建一个HTTP服务倾听端口8000
    http.ListenAndServe(":8000", http.HandlerFunc(func(w http.ResponseWriter, r *http.
    Request) {
        ctx := r.Context()
        // This prints to STDOUT to show that processing has started
        fmt.Fprint(os.Stdout, "processing request\n")
        // We use 'elect' to execute a peice of code depending on which
        // channel receives a message first
        select {
        case <-time.After(2 * time.Second):
            // If we receive a message after 2 seconds
            // that means the request has been processed
            // We then write this as the response
            w.Write([]byte("请求处理"))
        case <-ctx.Done():
            // If the request gets cancelled, log it
            // to STDERR
            fmt.Fprint(os.Stderr, "请求已取消 \n")
        }
    }))
}


/*
可以通过运行服务器并在浏览器中打开localhost：8000进行测试。
如果在2s前关闭浏览器，则应该在终端窗口上看到"请求已取消"字样。
*/
package main

import (
    "context"
    "fmt"
    "time"
)
```

```go
// 此示例演示了如何使用可取消上下文来防止
// Goroutine 泄露。 在示例函数结束时 Goroutine 开始
// by gen 将返回而不会泄露
func ExampleWithCancel() {
    // gen 在单独的 Goroutine 中生成整数
    // 然后将它们发送到返回的频道
    // gen 的调用者需要取消一次上下文
    // 它们完成了对生成的整数的使用而不泄露
    // 内部 Goroutine 由 gen 开始
    gen := func(ctx context.Context) <-chan int {
        dst := make(chan int)
        n := 1
        go func() {
            for {
                select {
                case <-ctx.Done():
                    return // 返回不泄露 Goroutine
                case dst <- n:
                    n++
                }
            }
        }()
        return dst
    }

    ctx, cancel := context.WithCancel(context.Background())
    defer cancel() // 当我们使用完整数后取消

    for n := range gen(ctx) {
        fmt.Println(n)
        if n == 5 {
            break
        }
    }
    // Output:
    // 1
    // 2
    // 3
    // 4
    // 5
}

// 此示例传递具有任意截止日期的上下文以告知阻塞
// 表示应该立即放弃工作的功能
func ExampleWithDeadline() {
```

```go
    d := time.Now().Add(50 * time.Millisecond)
    ctx, cancel := context.WithDeadline(context.Background(), d)

    // 即使 ctx 将会过期, 还是最好将其调用
    // 在任何情况下都具有取消功能, 否则可能会使
    // 上下文及其父对象的生存时间超出了必要
    defer cancel()

    select {
    case <-time.After(1 * time.Second):
        fmt.Println("overslept")
    case <-ctx.Done():
        fmt.Println(ctx.Err())
    }

    // Output:
    // context deadline exceeded
}

// 此示例传递带有超时的上下文, 以告知阻塞函数
// 它应在超时后放弃工作
func ExampleWithTimeout() {
    // 传递带有超时的上下文, 以告知阻塞函数
    // 应该在超时结束后放弃工作
    ctx, cancel := context.WithTimeout(context.Background(), 50*time.Millisecond)
    defer cancel()
        //cancel 即使不主动调用, 也不影响资源的最终释放
// 但是提前主动调用, 可以尽快地释放, 避免等待过期时间之间的浪费
    select {
    case <-time.After(1 * time.Second):
        fmt.Println("overslept")
    case <-ctx.Done():
        fmt.Println(ctx.Err()) // prints "context deadline exceeded"
    }

    // Output:
    // context deadline exceeded
}

// 此示例演示如何将值传递到上下文
// 以及如何检索它 (如果存在)
func ExampleWithValue() {
    type favContextKey string

    f := func(ctx context.Context, k favContextKey) {
```

```
        if v := ctx.Value(k); v != nil {
            fmt.Println("found value:", v)
            return
        }
        fmt.Println("key not found:", k)
    }

    k := favContextKey("language")
    ctx := context.WithValue(context.Background(), k, "Go")

    f(ctx, k)
    f(ctx, favContextKey("color"))

    // Output:
    // found value: Go
    // key not found: color
}
```

Contex 给子协程发送控制指令

当开启了多个任务，如果给它发送停止指令呢？看下面实例：

```
func main() {
    ctx, cancel := context.WithCancel(context.Background())
    go watch(ctx,"【任务1】")
    go watch(ctx,"【任务2】")
    go watch(ctx,"【任务3】")

    time.Sleep(10 * time.Second)
    fmt.Println("可以了，通知任务停止")
    cancel()
    // 为了检测任务是否停止。如果没有任务输出，就表示停止了
    time.Sleep(5 * time.Second)
}

func watch(ctx context.Context, name string) {
    for {
        select {
        case <-ctx.Done():
            fmt.Println(name,"任务退出，停止了...")
            return
        default:
            fmt.Println(name,"goroutine 任务中...")
            time.Sleep(2 * time.Second)
        }
    }
}
```

示例中启动了 3 个 Goroutine 不断地监控，每一个都使用了 context 进行跟踪，当使用 cancel 函数通知取消时，这 3 个 Goroutine 都会被结束。这就是 context 的控制能力，它就像一个控制器一样，按下开关后，所有基于这个 context 或者衍生的子 context 都会收到通知，这时就可以进行清理操作了，最终释放 Goroutine，这就优雅地解决了 Goroutine 启动后不可控的问题。

　　那么是如何发送结束指令的呢？这就是示例中的 cancel 函数，它是调用 context.WithCancel（parent）函数生成子 context 时返回的，第二个返回值就是这个取消函数，它是 CancelFunc 类型。调用它时就可以发出取消指令，然后监控的 Goroutine 就会收到信号，就会返回结束。

1.16.4　Select

```
/*
从官方文档看一下有关 select 的描述：

A "select" statement chooses which of a set of possible send or receive operations
will proceed. It looks similar to a "switch" statement but with the cases all
referring to communication operations.
一个 select 语句用来选择哪个 case 中的发送或接收操作可以被立即执行。它类似于 switch 语句，但是它的
case 涉及 channel 有关的 I/O 操作。
或者换一种说法，select 就是用来监听和 channel 有关的 I/O 操作，当 I/O 操作发生时，触发相应的动作。
如果有一个或多个 I/O 操作可以完成，则 Go 运行时系统会随机地选择一个执行，否则，如果有 default 分支，
则执行 default 分支语句，如果连 default 都没有，则 select 语句会一直阻塞，直到至少有一个 I/O 操作可
以进行。
select 可以同时监听多个 channel 的写入或读取。执行 select 时，若只有一个 case 通过（不阻塞），则执
行这个 case 块；若有多个 case 通过，则随机挑选一个 case 执行；若所有 case 均阻塞，且定义了 default
模块，则执行 default 模块。若未定义 default 模块，则 select 语句阻塞，直至有 case 被唤醒。使用
break 跳出 select 块。

*/
//select 基本用法
select {
case <-chan1:
// 如果 chan1 成功读到数据，则进行该 case 处理语句
case chan2 <- 1:
// 如果成功向 chan2 写入数据，则进行该 case 处理语句
default:
    // 如果上面都没有成功，则进入 default 处理流程
    }
func selectExample() {

c1 := make(chan string)
c2 := make(chan string)
```

```go
    go func() {
        time.Sleep(1 * time.Second)
        c1 <- "one"
    }()
    go func() {
        time.Sleep(2 * time.Second)
        c2 <- "two"
    }()

    for i := 0; i < 2; i++ {
        select {
        case msg1 := <-c1:
            fmt.Println("received", msg1)
        case msg2 := <-c2:
            fmt.Println("received", msg2)
        }
    }
}
/*
运行结果
received one
received two
*/
```

1. 设置超时时间

```go
ch := make(chan struct{})

// finish task while send msg to ch
go doTask(ch)

timeout := time.After(5 * time.Second)
select {
    case <- ch:
        fmt.Println("task finished.")
    case <- timeout:
        fmt.Println("task timeout.")
}
```

2. quite channel

在一些场景中，worker goroutine 需要一直循环处理信息，直到收到 quit 信号。

```go
msgCh := make(chan struct{})
quitCh := make(chan struct{})
for {
    select {
```

```
    case <- msgCh:
        doWork()
    case <- quitCh:
        finish()
        return
}
```

3. 单向 channel

即只可写入或只可读的 channel，事实上 channel 只读或只写都没有意义，所谓的单向 channel 其实只在声明时用，比如：

```
func foo(ch chan<- int) <-chan int {...}
```

chan<- int 表示一个只可写入的 channel，<-chan int 表示一个只可读取的 channel。上面这个函数约定了 foo 内只能向 ch 中写入数据，返回一个只能读取的 channel，虽然使用普通的 channel 也没有问题，但这样在方法声明时约定可以防止 channel 被滥用，这种预防机制发生在编译期间。

1.16.5　timer 和 ticker

```
//timer 和 ticker 都是用于计时
// 使用 timer 定时器，超时后需要重置，才能继续触发
//ticker 只要定义完成，从此刻开始计时，不需要任何其他的操作，每隔固定时间都会触发

package main

import (
    "fmt"
    "time"
)

func main() {

    timer1 := time.NewTimer(2 * time.Second)

    <-timer1.C
    fmt.Println("Timer 1 fired")

    timer2 := time.NewTimer(time.Second)
    go func() {
        <-timer2.C
        fmt.Println("Timer 2 fired")
    }()
    stop2 := timer2.Stop()
    if stop2 {
```

```
                fmt.Println("Timer 2 stopped")
        }

        time.Sleep(2 * time.Second)
}
package main

import (
        "fmt"
        "time"
)

func main() {

        ticker := time.NewTicker(500 * time.Millisecond)
        done := make(chan bool)

        go func() {
                for {
                        select {
                        case <-done:
                            return
                        case t := <-ticker.C:
                            fmt.Println("Tick at", t)
                        }
                }
        }()

        time.Sleep(1600 * time.Millisecond)
        ticker.Stop()
        done <- true
        fmt.Println("Ticker stopped")
}
```

1.16.6　原子计数器

　　原子操作同步技术更底层。没有锁，基本是在硬件层面实现的。原子操作保证了 Goroutine 之间没有数据竞争，代码如下：

```
//Go 中最重要的状态管理方式是通过通道间的沟通来完成的，在 worker-pools 中遇到过
// 但是还是有一些其他的方法来管理状态。使用 'sync/atomic' 包在多个 Go 协程中进行原子计数
package main
```

```
import (
    "fmt"
    "runtime"
    "sync/atomic"
    "time"
)

func main() {

    // 使用一个无符号整型数来表示（永远是正整数）这个计数器
    var ops uint64 = 0

    // 为了模拟并发更新，启动 50 个 Go 协程，对计数器每隔 1ms 进行一次加一操作
    for i := 0; i < 50; i++ {
        go func() {
            for {
                // 使用 'AddUint64' 来让计数器自动增加，使用 '&' 语法来给出 'ops' 的内存地址
                atomic.AddUint64(&ops, 1)

                // 允许其他 Go 协程的执行
                runtime.Gosched()
            }
        }()
    }
    // 等待 1s，让 ops 的自加操作执行一会儿
    time.Sleep(time.Second)

    // 为了让计数器还在被其他 Go 协程更新时安全地使用它
    // 通过 'LoadUint64' 将当前的值复制提取到 'opsFinal' 中
    opsFinal := atomic.LoadUint64(&ops)
    fmt.Println("ops:", opsFinal)
}
```

预计将获得 50000 次操作。如果使用非原子 ops++ 来增加计数器，可能会得到一个不同的数字，在运行之间进行更改，因为 Goroutine 会相互干扰。此外，当使用该 -race 标志运行时，会遇到数据争用失败的情况。

1.16.7　互斥锁和读写锁

互斥锁适用于读写不确定，并且只有一个读或者写的场景，代码如下：

```
/*
Golang 中的锁是通过 CAS 原子操作实现的，Mutex 结构如下：
type Mutex struct {
    state int32
```

Go语言从基础到中台微服务实战开发

```
    sema   uint32
}

//state 表示锁当前状态，每个位都有意义，零值表示未上锁
//sema 用作信号量，通过 PV 操作从等待队列中阻塞 / 唤醒 Goroutine，等待锁的 Goroutine 会挂到等待队
列中，并且陷入睡眠不被调度，unlock 锁时才唤醒
// 具体在 sync/mutex.go Lock 函数实现中

使用原子操作可以跨多个协程管理简单的计数器状态。对于更复杂的状态，可以使用互斥锁安全地跨多个协程访
问数据。
sync.Mutex 不区分读写锁，只有 Lock() 与 Lock() 之间才会导致阻塞的情况，如果在一个地方调用 Lock()，
在另一个地方不调用 Lock() 而是直接修改或访问共享数据，这对于 sync.Mutex 类型来说是允许的，因为
mutex 不会和 Goroutine 进行关联。如果想要区分读、写锁，可以使用 sync.RWMutex 类型。

在 Lock() 和 Unlock() 之间的代码段称为资源的临界区 (critical section)，在这一区间内的代码是严格
被 Lock() 保护的，是线程安全的，任何一个时间点都只能有一个 Goroutine 执行这段区间的代码。

尽量减少锁的持有时间，毕竟使用锁是有代价的，通过减少锁的持有时间来减轻这个代价：细化锁的粒度。通过
细化锁的粒度来减少锁的持有时间以及避免在持有锁操作时做各种耗时的操作。
不要在持有锁时做 I/O 操作。尽量只通过持有锁来保护 I/O 操作需要的资源而不是 I/O 操作本身：

*/

package main

import (
    "fmt"
    "math/rand"
    "sync"
    "sync/atomic"
    "time"
)

func main() {
    // 在我们的示例中，"状态"将是 map
    var state = make(map[int]int)
    // 这个 'mutex' 将同步对 'state' 的访问
    var mutex = &sync.Mutex{}
    // 跟踪多少读写操作
    var readOps uint64
    var writeOps uint64
    // 开启 100 个协程以执行重复读取状态，每 ms 一次
    for r := 0; r < 100; r++ {
        go func() {
            total := 0
```

```
            for {

                key := rand.Intn(5)
                // 以独占方式访问状态
                mutex.Lock()

                total += state[key]
                mutex.Unlock()
                atomic.AddUint64(&readOps, 1)
                // 等待两次读取之间的时间
                //time.Sleep(time.Millisecond)
                // 为了确保这个 Go 协程不会在调度中饿死
                // 在每次操作后明确的使用 'runtime.Gosched()' 进行释放
                // 这个释放一般是自动处理的
                //runtime.Gosched() 用于让出 CPU 时间片
                // 这就像跑接力赛, A 跑了一会儿遇到代码 runtime.Gosched()
                // 就把接力棒交给 B 了

                runtime.Gosched()
            }
        }()
    }

    for w := 0; w < 10; w++ {
        go func() {
            for {
                key := rand.Intn(5)
                val := rand.Intn(100)
                mutex.Lock()

                state[key] = val
                mutex.Unlock()
                atomic.AddUint64(&writeOps, 1)
                time.Sleep(time.Millisecond)
            }
        }()
    }

    // 让 10 个协程在 'state' 上操作 1s
    time.Sleep(time.Second)
    // 获取并报告最终操作计数
    readOpsFinal := atomic.LoadUint64(&readOps)
    fmt.Println("readOps:", readOpsFinal)
    writeOpsFinal := atomic.LoadUint64(&writeOps)
    fmt.Println("writeOps:", writeOpsFinal)
```

```
    // 最终锁定状态为 'state'，说明它如何结束
    mutex.Lock()
    fmt.Println("state:", state)
    mutex.Unlock()
}

/*
运行结果
readOps: 83285
writeOps: 8320
state: map[1:97 4:53 0:33 2:15 3:2]
*/
```

1. Go Mutex 用法

Go mutex 是互斥锁，只有 Lock 和 Unlock 两个方法。而且 Lock 和 Unlock 之间的代码都只能由一个 Go 协程执行，这样可以避免竞态条件。代码如下：

```
package main

import (
    "fmt"
    "sync"
)

var wg = sync.WaitGroup{}
var sum int

//sum 增加
func Add(){
    sum = sum +1
    wg.Done()
}

func main() {
    for i:= 0;i< 1000;i++{
        wg.Add(1)

        go Add()
    }
    wg.Wait()
    fmt.Println("sum =",sum)
}
```

起了 1000 个协程让 sum 自增 1，但是结果却每次都不一样，因为竞态，多个协程可能获取同一个值，因此会出现问题。使用 sync.Mutex 互斥锁解决此问题。代码如下：

```
package main

import (
    "fmt"
    "sync"
)

var wg = sync.WaitGroup{}
var sum int

var lock = sync.Mutex{}

//sum 增加
func Add(){
    lock.Lock()
    defer lock.Unlock()
    sum = sum +1
    wg.Done()
}

func main() {
    for i:= 0;i< 10000;i++{
        wg.Add(1)

        go Add()
    }
    wg.Wait()
    fmt.Println("sum =",sum)
}
```

2. RWMutex 读写锁

读写锁是计算机程序并发控制的一种同步机制，也称"共享—互斥锁""多读者—单写者锁"。读操作可并发重入，写操作是互斥的。多个 Goroutine 可以同时读，读锁只会阻止写；只能一个同时写，写锁同时阻止读写；主要适用的场景——读多写少的业务场景。这种场景下如果每次读写都使用互斥锁，那么整个效率就会变得很低。因为只是读操作并不需要互斥锁来锁住数据，只有写操作需要互斥锁；而读写结合时，也需要加锁，否则会导致读到的数据不一定是期望的数据。

对于 RWMutex 的规则如下。

①可以随便读，多个 Goroutine 同时读。

②对象被写时不能读也不能写。

主要由四个 API 构成，基于 Mutex 实现，有 Lock()（加写锁）、Unlock()（解写锁）、RLock()（加读锁）和 RUnlock()（解读锁）。代码如下：

```go
// 随便读
package main

import (
    "sync"
    "time"
)

var m *sync.RWMutex

func main() {
    m = new(sync.RWMutex)
    // 多个同时读
    go read(1)
    go read(2)
    time.Sleep(3 * time.Second)
}

func read(i int) {
    println(i, "开始读")
    m.RLock()
    println(i, "正在读...")
    time.Sleep(1 * time.Second)
    m.RUnlock()
    println(i, "读结束")
}
// 运行结果
D:\mybook\bookSource\lock>go run rwmutex.go
2 开始读
2 正在读...
1 开始读
1 正在读...
2 读结束
1 读结束


D:\mybook\bookSource\lock>go run rwmutex.go
2 开始读
2 正在读...
1 开始读
1 正在读...
2 读结束
1 读结束


D:\mybook\bookSource\lock>go run rwmutex.go
2 开始读
```

```
2 正在读 ...
1 开始读
1 正在读 ...
2 读结束
1 读结束
```
可以看出 1 读还没有结束，2 已经在读，读结束时间是不定的
```
// 写的时候什么都不能做
package main

import (
    "sync"
    "time"
)

var m *sync.RWMutex

func main() {
    m = new(sync.RWMutex)
    // 写的时候什么都不能做
    go write(1)
    go read(2)
    go write(3)
    time.Sleep(4 * time.Second)
}

func read(i int) {
    println(i, "读开始")
    m.RLock()
    println(i, "正在读 ...")
    time.Sleep(1 * time.Second)
    m.RUnlock()
    println(i, "读结束")
}

func write(i int) {
    println(i, "写开始")
    m.Lock()
    println(i, "正在写 ...")
    time.Sleep(1 * time.Second)
    m.Unlock()
    println(i, "写完毕")
}

// 输出
```

```
D:\mybook\bookSource\lock>go run rwlock.go
3 写开始
3 正在写...
2 读开始
1 写开始
3 写完毕
2 正在读...
2 读结束
1 正在写...
1 写完毕

D:\mybook\bookSource\lock>go run rwlock.go
3 写开始
3 正在写...
2 读开始
1 写开始
3 写完毕
2 正在读...
2 读结束
1 正在写...
1 写完毕

D:\mybook\bookSource\lock>go run rwlock.go
3 写开始
3 正在写...
2 读开始
1 写开始
3 写完毕
2 正在读...
2 读结束
1 正在写...
1 写完毕

// 写的时候什么都不能做
```

1.16.8 线程池

Go 1.3 的 sync 包中加入一个新特性：Pool。其主要结构如下：

```
type Pool struct {
    noCopy noCopy              // noCopy 是一个空结构，用来防止 pool 在第一次使用后被复制
    local     unsafe.Pointer   // per-P pool，实际类型为 [P]poolLocal
    localSize uintptr          // local 的 size
```

```
    // New 调用该方法生成一个变量
    New func() interface{}
}

// 具体存储结构
type poolLocalInternal struct {
    private interface{}          // 只能由自己的 P 使用
    shared  []interface{}        // 可以被任何的 P 使用
    Mutex                        // 锁，保护 shared 线程安全
}

type poolLocal struct {
    poolLocalInternal

    // 避免缓存 false sharing，使不同的线程操纵不同的缓存行，多核的情况下提升效率
    pad [128 - unsafe.Sizeof(poolLocalInternal{})%128]byte
}

var (
    allPoolsMu Mutex
    allPools   []*Pool          // 池列表
)
```

这个类设计的目的是保存和复用临时对象，以便减少内存分配、降低 CG 压力。

sync.Pool 是一个可以存或取的临时对象集合，它可以安全地被多个线程同时使用，保证线程安全；sync.Pool 中保存的任何项都可能随时在未知的情况下被释放，所以不适合用于像 socket 一样的长连接或数据库连接池。

sync.Pool 主要用途为增加临时对象的重用率，减少 GC 负担。代码如下：

```
package main
import "fmt"
import "time"
// 这是将要在多个并发实例中支持的任务
// 这些执行者将从 'jobs' 通道接收任务，并且通过 'results' 发送对应的结果
// 将让每个任务间隔 1s 来模仿一个耗时的任务
func worker(id int, jobs <-chan int, results chan<- int) {
    for j := range jobs {
        fmt.Println("worker", id, "processing job", j)
        time.Sleep(time.Second)
        results <- j * 2
    }
}
func main() {

    // 为了使用 worker 线程池并且收集它们的结果
```

93

```go
    // 需要2个通道
    jobs := make(chan int, 100)
    results := make(chan int, 100)

    // 这里启动了 3 个 worker, 初始是阻塞的, 因为还没有传递任务
    for w := 1; w <= 3; w++ {
        go worker(w, jobs, results)
    }

    // 这里我们发送 9 个 'jobs', 然后关闭这些通道来表示这些就是所有的任务
    for j := 1; j <= 9; j++ {
        jobs <- j
    }
    close(jobs)

    // 最后, 收集所有这些任务的返回值
    for a := 1; a <= 9; a++ {
        <-results
    }
}


/*
执行这个程序, 显示9个任务被多个worker执行。
整个程序处理所有的任务仅执行了3s而不是9s, 因为3个worker是并行的。
*/


package main

import (
    "fmt"
    "strconv"
    "sync"
    "time"
)

// Pool for our struct A
var pool *sync.Pool
// A dummy struct with a member
type Person struct {
    Name string
}

// Func to init pool
func initPool() {
    pool = &sync.Pool{
```

```go
        New: func() interface{} {
            //fmt.Println("返回A")
            return new(Person)
        },
    }
}


// Main func
func main() {
    // Initializing pool
    initPool()
    // Get hold of instance one
    // 需要新的结构体时，先尝试去pool中取，而不是重新生成，这样重复10000次节省大量的时间
    // 这样简单的操作节约了时间，也节约了各方面的资源
    // 最重要的是它可以有效地减少GC CPU和GC Pause
    startTime := time.Now()
    for i := 0; i < 10000; i++ {
        one := pool.Get().(*Person)
        one.Name = "girl" + strconv.Itoa(i)
        //fmt.Printf("one.Name = %s\n", one.Name)
        // 使用后提交回实例
        pool.Put(one)

    }
    // 现在，同一实例可被另一个例程使用，而无须再次分配它
    fmt.Println("花费时间1:", time.Since(startTime))

    startTime = time.Now()
    for i := 0; i < 10000; i++ {

        p := Person{Name: "girl" + strconv.Itoa(i)}
        pool.Put(p)
    }
    fmt.Println("花费时间2:", time.Since(startTime))
}


/*
此场景下使用pool会快一点，对象消耗的资源越多对比越快，测试对象Person涉及资源不多，所以优势不
太明显
花费时间1: 1.0079ms
花费时间2: 1.9395ms
*/
```

1.16.9 协程调度器 GPM

Go 调度器的实现在 runtime 包中,路径为 "./src/runtime/proc.go"。我们都知道 Go 的强大是因为可以开很多 Goroutine 即我们所说的协程。那么协程和线程有什么联系呢?协程又是如何调度的呢?

有三个必知的核心元素(G、M、P):

- G:Goroutine 的缩写,一个 G 代表了对一段需要被执行的 Go 语言代码的封装,实际的数据结构(就是你封装的那个方法)go func(){} 创建一个 G。

- M:Machine 的缩写,一个 M 直接关联了一个内核线程,在当前版本的 Golang 中等同于系统线程。M 可以运行两种代码。M 代表内核级线程,一个 M 就是一个线程,Goroutine 就是跑在 M 上的;M 是一个很大的结构,里面维护小对象内存 cache(mcache)、当前执行的 goroutine 和随机数发生器等非常多的信息。

- P:Processor 的缩写,处理器(CPU 内核),一个 P 代表了 M 所需的上下文环境,它的主要用途就是用来执行 Goroutine,所以它也维护了一个 Goroutine 队列,里面存储了所有需要它来执行的 Goroutine。

P 代表了 M 所需要的上下文环境,也是处理用户级代码逻辑的处理器。一个 P 代表执行一个 Go 代码片段的基础(可以理解为上下文环境),所以它也维护了一个可运行的 Goroutine 队列和自由的 Goroutine 队列,里面存储了所有需要它来执行的 Goroutine。

P 的个数取决于设置的 GOMAXPROCS,Go 的新版本默认使用最大内核数,比如 8 核处理器,那 P 的数量就是 8。P 包含一个 LRQ(Local Run Queue,本地运行队列),这里面保存着 P 需要执行的协程 G 的队列,除了每个 P 自身保存的 G 的队列外,调度器还拥有一个全局的 G 队列 GRQ(Global Run Queue),这个队列存储的是所有未分配的协程 G。

简单来说,一个 G 的执行需要 M 和 P 的支持。一个 M 在与一个 P 关联之后形成了一个有效的 G 运行环境(内核线程 + 上下文环境)。每个 P 都会包含一个可运行的 G 的队列(runq)。Go 代码即 Goroutine,M 运行 Go 代码需要一个 P 原生代码,例如阻塞的 syscall。M 运行原生代码不需要 P,M 会从运行队列中取出 G 并运行 G,如果 G 运行完毕或者进入休眠状态,则从运行队列中取出下一个 G 运行,周而复始。

Seched 代表一个调度器,它维护有存储空闲的 M 队列、空闲的 P 队列、可运行的 G 队列、自由的 G 队列以及调度器的一些状态信息等。有时候 G 需要调用一些无法避免阻塞的原生代码,这时 M 会释放持有的 P 并进入阻塞状态,其他 M 会取得这个 P 并继续运行队列中的 G。

Go 需要保证有足够的 M 可以运行 G,不让 CPU 闲着,也需要保证 M 的数量不能过多。通常创建一个 M 的原因是没有足够的 M 来关联 P 并运行其中可运行的 G。而且系统在运行时执行监控或 GC 时也会创建 M。GPM 关系如图 1-4 所示。

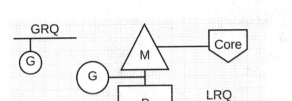

图1-4　GPM关系图

KSE（Kernel Scheduling Entity）内核级线程模型如图 1-5 所示。

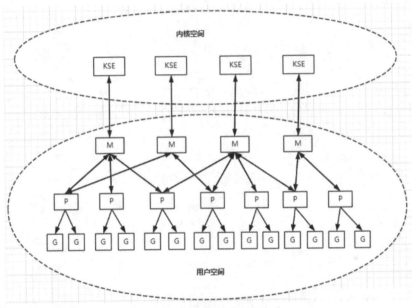

图1-5　KSE内核级线程模型图

M 的结构体定义（在 ./src/runtime/runtime2.go 文件中）如下：

```
// M 结构体
type m struct {
    /*
        1.  所有调用栈的 Goroutine,这是一个比较特殊的 Goroutine。
        2.  普通的 Goroutine 栈是在 Heap 分配的可增长的 stack,而 Go 的 stack 是 M 对应的线程栈。
        3.  所有调度相关的代码会先切换到该 Goroutine 的栈再执行。
    */
    g0      *g                      // goroutine with scheduling stack
    morebuf gobuf                   // gobuf arg to morestack
    divmod  uint32                  // div/mod denominator for arm - known to liblink

    // Fields not known to debuggers.
```

```
    procid         uint64        // for debuggers, but offset not hard-coded
    gsignal        *g            // signal-handling g
    goSigStack     gsignalStack  // Go-allocated signal handling stack
    sigmask        sigset        // storage for saved signal mask
    t!s            [6]uintptr    // thread-local storage (for x86 extern register)
    mstartfn       func()        //


    curg           *g            // M 正在运行的结构体G
    caughtsig      guintptr      // goroutine running during fatal signal
    p              puintptr      // attached p for executing go code (nil if not executing go code)
    nextp          puintptr
    id             int32
    mallocing      int32
    throwing       int32
    preemptoff     string        // if != "", keep curg running on this m
    locks          int32
    softfloat      int32
    dying          int32
    profilehz      int32
    helpgc         int32
    spinning       bool          // m is out of work and is actively looking for work
    blocked        bool          // m is blocked on a note
    inwb           bool          // m is executing a write barrier
    newSigstack    bool          // minit on C thread called sigaltstack
    printlock      int8
    incgo          bool          // m is executing a cgo call
    fastrand       uint32
    ncgocall       uint64        // number of cgo calls in total
    ncgo           int32         // number of cgo calls currently in progress
    cgoCallersUse  uint32        // if non-zero, cgoCallers in use temporarily
    cgoCallers     *cgoCallers   // cgo traceback if crashing in cgo call
    park           note
    alllink        *m            // on allm
    schedlink      muintptr
    mcache         *mcache
    lockedg        *g            // 表示与当前M锁定那个g
    createstack    [32]uintptr   // stack that created this thread
    freglo         [16]uint32    // d[i] lsb and f[i]
    freghi         [16]uint32    // d[i] msb and f[i+16]
    fflag          uint32        // floating point compare flags
    locked         uint32        // tracking for lockosthread
    nextwaitm      uintptr       // next m waiting for lock
    needextram     bool
    traceback      uint8
```

```
    waitunlockf    unsafe.Pointer          // todo go func(*g, unsafe.pointer) bool
    waitlock       unsafe.Pointer
    waittraceev    byte
    waittraceskip  int
    startingtrace  bool
    syscalltick    uint32
    thread         uintptr                 // thread handle

    // these are here because they are too large to be on the stack
    // of low-level NOSPLIT functions.
    libcall        libcall
    libcallpc      uintptr                 // for cpu profiler
    libcallsp      uintptr
    libcallg       guintptr
    syscall        libcall                 // stores syscall parameters on windows

    mOS
}
```

M 的字段众多，其中最重要的四个如图 1-6 所示。

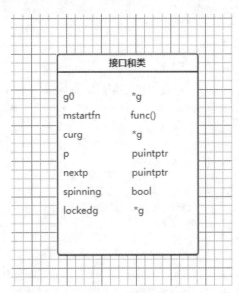

图1-6　M主要字段

g0：Go 运行时系统在启动之初创建的，用于执行一些运行时任务；

mstartfn：表示 M 的起始函数；其实就是 Go 语句携带的那个函数；

curg：存放当前正在运行的 G 的指针；

p：指向当前与 M 关联的那个 P；

nextp：用于暂存于当前 M 有潜在关联的 P；（预联）当 M 重新启动时，即用预联的这个 P 做关联；

spinning：表示当前 M 是否正在寻找 G；在寻找过程中 M 处于自旋状态；

lockedg：表示与当前 M 锁定的那个 G；运行时系统会把一个 M 和一个 G 锁定，一旦锁定就只能双方相互作用，不接受第三者；

P：P 是 process 的首字母，代表 M 运行 G 所需要的资源。

P 是使 G 能够在 M 中运行的关键。Go 运行时系统适当地让 P 与不同的 M 建立或者断开联系，使 P 中的那些可运行的 G 能够在需要时及时获得运行时机。

P 的结构体定义（在 ./src/runtime/runtime2.go 文件中）如下：

```
type p struct {
    lock mutex

    id             int32
    status         uint32        // one of pidle/prunning/...
    link           puintptr
    schedtick      uint32        // incremented on every scheduler call
    syscalltick    uint32        // incremented on every system call
    sysmontick     sysmontick    // last tick observed by sysmon
    m              muintptr      // back-link to associated m (nil if idle)
    mcache         *mcache
    racectx        uintptr

    deferpool      [5][]*_defer  // pool of available defer structs of different sizes (see panic.go)
    deferpoolbuf   [5][32]*_defer

    // Cache of goroutine ids, amortizes accesses to runtime·sched.goidgen.
    goidcache      uint64
    goidcacheend   uint64

    // Queue of runnable goroutines. Accessed without lock.
    runqhead       uint32
    runqtail       uint32
    runq           [256]guintptr
    // runnext, if non-nil, is a runnable G that was ready'd by
    // the current G and should be run next instead of what's in
    // runq if there's time remaining in the running G's time
    // slice. It will inherit the time left in the current time
    // slice. If a set of goroutines is locked in a
    // communicate-and-wait pattern, this schedules that set as a
    // unit and eliminates the (potentially large) scheduling
    // latency that otherwise arises from adding the ready'd
```

```
    // goroutines to the end of the run queue.
    runnext guintptr

    // Available G's (status == Gdead)
    gfree        *g
    gfreecnt     int32

    sudogcache   []*sudog
    sudogbuf     [128]*sudog

    tracebuf traceBufPtr

    // traceSweep indicates the sweep events should be traced.
    // This is used to defer the sweep start event until a span
    // has actually been swept.
    traceSweep bool
    // traceSwept and traceReclaimed track the number of bytes
    // swept and reclaimed by sweeping in the current sweep loop.
    traceSwept, traceReclaimed uintptr

    palloc persistentAlloc      // per-P to avoid mutex

    // Per-P GC state
    gcAssistTime       int64      // Nanoseconds in assistAlloc
    gcBgMarkWorker     guintptr
    gcMarkWorkerMode   gcMarkWorkerMode

    // gcw is this P's GC work buffer cache. The work buffer is
    // filled by write barriers, drained by mutator assists, and
    // disposed on certain GC state transitions.
    gcw gcWork

    runSafePointFn uint32        // if 1, run sched.safePointFn at next safe point

    pad [sys.CacheLineSize]byte
}
```

G：G 是 Goroutine 的首字母，Goroutine 可以解释为受管理的轻量线程，Goroutine 使用 Go 关键词创建。例如：

```
func main(){go other()}
```

这段代码创建了两个 Goroutine，一个是 main，另一个是 other（注意：main 本身也是一个 Goroutine）。Goroutine 的新建、休眠、恢复和停止都受到 Go 运行时的管理。Goroutine 执行异步操作时会进入休眠状态，待操作完成后再恢复，无须占用系统线程；Goroutine 新建或恢复时会添加到运行队列，等待 M 取出并运行。

G 的结构体定义（在 ./src/runtime/runtime2.go 文件中）如下：

```go
type g struct {
    // Stack parameters.
    // stack describes the actual stack memory: [stack.lo, stack.hi).
    // stackguard0 is the stack pointer compared in the Go stack growth prologue.
    // It is stack.lo+StackGuard normally, but can be StackPreempt to trigger a preemption.
    // stackguard1 is the stack pointer compared in the C stack growth prologue.
    // It is stack.lo+StackGuard on g0 and gsignal stacks.
    // It is ~0 on other goroutine stacks, to trigger a call to morestackc (and crash).
    stack       stack    // offset known to runtime/cgo      描述了真实的栈内存，包括上下界
    stackguard0 uintptr  // offset known to liblink
    stackguard1 uintptr  // offset known to liblink

    _panic      *_panic  // innermost panic - offset known to liblink
    _defer      *_defer  // innermost defer
    m           *m       // current m; offset known to arm liblink   当前运行 G 的 M
    sched       gobuf    //  goroutine 切换时，用于保存 g 的上下文
    syscallsp   uintptr  // if status==Gsyscall, syscallsp = sched.sp to use during gc
    syscallpc   uintptr  // if status==Gsyscall, syscallpc = sched.pc to use during gc
    stktopsp    uintptr  // expected sp at top of stack, to check in traceback
    param       unsafe.Pointer   // passed parameter on wakeup  用于传递参数，睡眠时其他
                            //                Goroutine 可以设置 param，唤醒时该 Goroutine 可以获取
    atomicstatus uint32
    stackLock   uint32   // sigprof/scang lock; TODO: fold in to atomicstatus
    goid        int64    // Goroutine 的 id
    waitsince   int64    // approx time when the g become blocked   g 被阻塞的大体时间
    waitreason  string   // if status==Gwaiting
    schedlink   guintptr
    preempt     bool     // preemption signal, duplicates stackguard0 = stackpreempt
    paniconfault bool    // panic (instead of crash) on unexpected fault address
    preemptscan bool     // preempted g does scan for gc
    gcscandone  bool     // g has scanned stack; protected by _Gscan bit in status
    gcscanvalid bool     // false at start of gc cycle, true if G has not run
                            //                since last scan; TODO: remove?
    throwsplit  bool     // must not split stack
    raceignore  int8     // ignore race detection events
    sysblocktraced bool  // StartTrace has emitted EvGoInSyscall about this goroutine
    sysexitticks int64   // cputicks when syscall has returned (for tracing)
    traceseq    uint64   // trace event sequencer
    tracelastp  puintptr // last P emitted an event for this goroutine
    lockedm     *m       // G 被锁定只在这个 m 上运行
    sig         uint32
    writebuf    []byte
```

```
    sigcode0      uintptr
    sigcode1      uintptr
    sigpc         uintptr
    gopc          uintptr  // pc of go statement that created this goroutine
    startpc       uintptr  // pc of goroutine function
    racectx       uintptr
    waiting       *sudog   // sudog structures this g is waiting on (that have a
                              valid elem ptr); in lock order
    cgoCtxt       []uintptr        // cgo traceback context
    labels        unsafe.Pointer   // profiler labels
    timer         *timer           // cached timer for time.Sleep
    // Per-G GC state
    // gcAssistBytes is this G's GC assist credit in terms of
    // bytes allocated. If this is positive, then the G has credit
    // to allocate gcAssistBytes bytes without assisting. If this
    // is negative, then the G must correct this by performing
    // scan work. We track this in bytes to make it fast to update
    // and check for debt in the malloc hot path. The assist ratio
    // determines how this corresponds to scan work debt.
    gcAssistBytes int64
}


// 用于保存G切换时上下文的缓存结构体
type gobuf struct {
    // The offsets of sp, pc, and g are known to (hard-coded in) libmach.
    //
    // ctxt is unusual with respect to GC: it may be a
    // heap-allocated funcval so write require a write barrier,
    // but gobuf needs to be cleared from assembly. We take
    // advantage of the fact that the only path that uses a
    // non-nil ctxt is morestack. As a result, gogo is the only
    // place where it may not already be nil, so gogo uses an
    // explicit write barrier. Everywhere else that resets the
    // gobuf asserts that ctxt is already nil.
    sp    uintptr         // 当前的栈指针
    pc    uintptr         // 计数器
    g     guintptr        // g自身
    ctxt  unsafe.Pointer  // this has to be a pointer so that gc scans it
    ret   sys.Uintreg
    lr    uintptr
    bp    uintptr         // for GOEXPERIMENT=framepointer
}
```

● g 里面比较重要的成员如下。

stack：当前 g 使用的栈空间，有 lo 和 hi 两个成员；

stackguard0：检查栈空间是否足够的值，低于这个值会扩张栈，0 是 Go 代码使用的；

stackguard1：检查栈空间是否足够的值，低于这个值会扩张栈，1 是原生代码使用的；

M（Machine）：当前 g 对应的 m；

sched：g 的调度数据，当 g 中断时会保存当前的 pc 和 rsp 等值，恢复运行时会使用这些值；

atomicstatus：g 的当前状态；

schedlink：下一个 g，当 g 在链表结构中会使用；

preempt：g 是否被抢占中；

lockedm：g 是否要求要回到这个 M 执行，有的时候 g 中断了恢复会要求使用原来的 M 执行。

● M 里面比较重要的成员如下。

g0：用于调度的特殊 g，调度和执行系统调用时会切换到这个 g；

curg：当前运行的 g；

p：当前拥有的 P；

nextp：唤醒 M 时，M 会拥有这个 P；

park：M 休眠时使用的信号量，唤醒 M 时会通过它唤醒；

schedlink：下一个 m，当 m 在链表结构中会使用；

mcache：分配内存时使用的本地分配器，和 p.mcache 一样（拥有 P 时会复制过来）；

lockedg：lockedm 的对应值。

● P 里面比较重要的成员如下。

status：P 的当前状态；

link：下一个 P，当 P 在链表结构中会使用；

m：拥有这个 P 的 M；

mcache：分配内存时使用的本地分配器；

runqhead：本地运行队列的出队序号；

runqtail：本地运行队列的入队序号；

runq：本地运行队列的数组，可以保存 256 个 G；

gfree：G 的自由列表，保存变为 _Gdead 后可以复用的 G 实例；

gcBgMarkWorker：后台 GC 的 worker 函数，如果它存在 M 会优先执行它；

gcw：GC 的本地工作队列。

Goroutine 调度机制

明白以上名词的含义后，接下来讲述真正的 Goroutine 调度机制。首先需要知道 G、P 和 M 各自是如何被创建出来的。

G 在可执行函数前面加关键字 Go 即可，这样便创建出一个 Goroutine，创建出的 Goroutine

会进入 P 所维护的 Local Runqueue。P 指定 GOMAXPROCS 后，会在程序运行之初创建好对应数目的 P。当 M 满足三个条件，即队列中 G 太多、系统级线程 M 太少、有空闲的 P 时，M 就会被创建。

（1）M&P 调度。

P 是在程序运行之初就创建好的，数量由 GOMAXPROCS 决定（最大 256 个），从 Go 1.5 以后默认为 CPU 的核数，版本 1.5 之前默认为一个。P 绑定到 M 上执行运算，当一个 OS 线程也就是一个 M 陷入阻塞时，会释放出 P，P 转而寻找另一个 M（M 可能被新创建，也可能来自线程缓存），继续执行其他 G，如果没有其他的 idle M，但是 P 的 local runqueue 中仍有 G 需要执行，就会创建一个新的 M。

当上述阻塞完成后，G 会尝试寻找一个 idle 的 P 进入它的 Local Runqueue 中恢复执行，如果没有找到，G 就会进入 Global Runqueue，等待其他 P 从队列中取出。

- 对 M&P 调度有了一个大概的了解后，我们再继续深入理解上述的阻塞，什么情况下会阻塞呢？如下所示：

① blocking syscall（for example opening a file）：系统调用阻塞，例如打开一个文件。

② network input：网络 I/O 阻塞（异步 I/O 不会阻塞，只会阻塞同步 I/O）。

③ channel operations：channel 阻塞。

④ primitives in the sync package：sgnc 包里的原语操作，例如并发原语 MutexRWM utexWaitGroup Channel Contex。

以上这四种场景又可以分为以下两种类型。

①用户态阻塞 / 唤醒

当 Goroutine 因为 channel 操作或者 network I/O 而阻塞时（实际上 Golang 已经用 netpoller 实现了 Goroutine 网络 I/O 阻塞不会导致 M 被阻塞，仅阻塞 G，这里仅仅为举例），对应的 G 会被放置到某个 wait 队列（如 channel 的 waitq），该 G 的状态由 _Gruning 变为 _Gwaitting，而 M 会跳过该 G 尝试获取并执行下一个 G，如果此时没有 runnable 的 G 供 M 运行，那么 M 将解绑 P，并进入 sleep 状态；当阻塞的 G 被另一端的 G2 唤醒时（比如 channel 的可读 / 写通知），G 被标记为 runnable，尝试加入 G2 所在 P 的 runnext，然后再是 P 的 Local 队列和 Global 队列。

②系统调用阻塞

当 G 被阻塞在某个系统调用上时，此时 G 会阻塞在 _Gsyscall 状态，M 也处于 block on syscall 状态，此时的 M 可被抢占调度：执行该 G 的 M 会与 P 解绑，而 P 则尝试与其他 idle 的 M 绑定，继续执行其他 G。如果没有其他 idle 的 M，但 P 的 Local 队列中仍然有 G 需要执行，则创建一个新的 M；当系统调用完成后，G 会重新尝试获取一个 idle 的 P 进入它的 Local 队列恢复执行，如果没有 idle 的 P，G 会被标记为 runnable 加入 Global 队列。

（2）P&G 调度。

G 维护在 P 所持的 Local Runqueue 以及调度器维护的 Global Runqueue 中。

①需要先明白 Local Runqueue 的入队出队操作。

◆ 出队

首先讲出队，每次执行一个 G，P 会从 Local Runqueue 中获取一个 G 执行，此为出队操作。

◆ 入队

每次用 Go 关键字创建出来的 Goroutine 会进入 P 的 Local Runqueue 中，包括上述用户态阻塞后被唤醒的 G 的操作为入队操作。其次，当一个 P 的 Local Runqueue 中没有可供执行的 G 时，该 P 会随机从其他 P 的队列中拿一半的 G 出来，这叫 work stealing 算法，这又是另一种入队出队操作。

② Global Runqueue 的入队出队操作。

◆ 入队

当 M 所运行的阻塞状态的 G 重新唤醒后，如果没有获取空闲的 P，这个 G 就会进入 Global Runqueue 中，此为入队。

◆ 出队

其他 P 没有可执行的 G 之后从 Global Runqueue 中取，此为出队。

总结：P 调度 G 时，首先从 P 的 Local Runqueue 中获取 G，如果 Local Queue 中没有，就从 Global Runqueue 中获取，如果 Global Runqueue 中也没有，就随机从其他 P 的 Local Runqueue 中窃取一半的 G 出来。

（3）Go 调度器全貌。

Go 调度器全貌如图 1-7 所示。

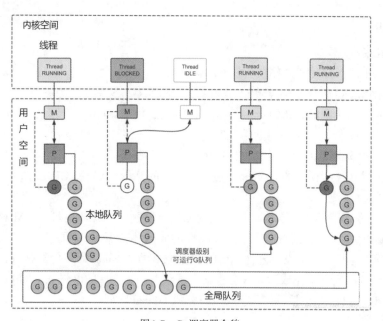

图1-7　Go调度器全貌

调度例子如图 1-8 所示。

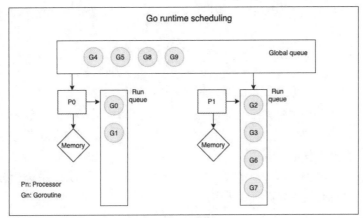

图1-8　调度实例

在图 1-8 中，G0、G1……G9 是在具有 2 个处理器 P0 和 2 个处理器的 2 核计算机上运行的 Goroutine P1。上下文中的系统有一个全局队列，其中有 4 个 Goroutines 在其中排队。

（4）Go 中的 Goroutine 负载平衡。

Go 的 Goroutine 负载平衡算法通过以下方式实现基于"泊车 / 非泊车"的工作窃取调度来工作。

①每个处理器都在 Goroutines 自己的本地运行队列中运行。因此，在上述情况下，P0 和 P1 将分别运行 Goroutines G0、G1、G2、G3、G6、G7。

②如果处理器没有 Goroutines，可以在其自己的本地运行队列（空闲状态）中执行，它将从全局队列中拉出工作。

③如果处理器在全局队列中找不到要执行的 Goroutine，则尝试从中提取工作 netpoller。

④如果仍然找不到要执行的 Goroutine，它将检查其他处理器的运行队列并从其运行队列中窃取一半 Goroutines。

基于此，可以说我们有一个 Go 程序，该程序处于状态，如图 1-9 所示，其中 P0 过载而 P1 空闲。

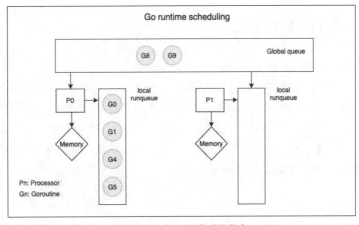

图1-9　一个Go程序时的状态

在这种情况下，Go 运行时调度程序将执行以下步骤，确保以最有效的方式利用硬件（多个处理器）。

①P1 将检查本地运行队列并发现其为空。

②它检查全局运行队列并发现要执行的两个 Goroutine，即 G8 和 G9。

③PI 将 G8、G9 拉取到本地运行队列，并开始执行它们。

④一段时间后，P1 完成了这两个 Goroutine 的执行，而 P1 仍忙于执行完整的运行队列。

⑤P1 检查 netpoller 并发现它为空。当全局和队列都为空时，这在 Go 运行时调度程序的基础实现中称为线程的旋转状态 netpoller。

⑥在这种状态下，P1 现在从 P0 窃取了一半的工作，即 G4 和 G5。系统状态如图 1-10 所示，可以平衡处理器之间的负载并有效利用硬件。

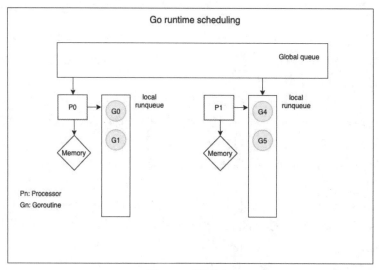

图1-10　系统状态

1.16.10　协程为什么比线程快

进程、线程与协程的关系和区别如下。

①进程拥有自己独立的堆和栈，既不共享堆，也不共享栈，进程由操作系统调度。

②线程拥有自己独立的栈和共享的堆，不共享栈，线程也由操作系统调度（标准线程是的）。

③协程和线程一样共享堆，不共享栈，协程由程序员在协程的代码里显示调度。

进程、线程和协程的关系如图 1-11 所示。

图1-11　进程、线程、协程的关系

1. 协程切换

协程切换只涉及基本的 CPU 上下文切换，所谓的 CPU 上下文，就是一堆寄存器里面保存了 CPU 运行任务所需要的信息：从哪里开始运行（%rip：指令指针寄存器，标识 CPU 运行的下一条指令），栈顶的位置（%rsp：堆栈指针寄存器，通常会指向栈顶位置），当前栈帧在哪（%rbp 是栈帧指针，用于标识当前栈帧的起始位置）以及其他 CPU 的中间状态或结果（%rbx、%r12、%r13、%14 和 %15 等）。协程切换非常简单，就是把当前协程的 CPU 寄存器状态保存起来，然后将需要切换进来的协程的 CPU 寄存器状态加载到 CPU 寄存器上就可以了；而且完全在用户态下进行，一般来说，一次协程上下文切换最多就是几十 ns 这个量级。

2. 线程切换

系统内核调度的对象是线程，因为线程是调度的基本单元（进程是资源拥有的基本单元，进程的切换需要做的事情更多，这里暂时不讨论进程切换），而线程的调度只有拥有最高权限的内核空间才可以完成，所以线程的切换涉及用户空间和内核空间的切换，也就是特权模式切换，需要操作系统调度模块完成线程调度（taskstruct）。而除了和协程相同基本的 CPU 上下文，还有线程私有的栈和寄存器等，也就是说，上下文比协程多一些。其实简单比较一下 task_strcut 和 任何一个协程库的 coroutine 的 struct 结构体大小就能明显区分出来，而且特权模式切换的开销确实不小，随便搜一组测试数据，算一下就知道其都比协程切换开销大很多。

3. 线程并发执行流程

线程是内核对外提供的服务，应用程序可以通过系统调用让内核启动线程，由内核来负责线程调度和切换。线程在等待 I/O 操作时变为 unrunnable 状态，此时会触发上下文切换。现代操作系统一般都采用抢占式调度，上下文切换一般发生在时钟中断和系统调用返回前，调度器计算当前线程的时间片，如果需要切换就从运行队列中选出一个目标线程，保存当前线程的环境且恢复目标线程的运行环境。最典型的就是切换 ESP 指向目标线程内核堆栈，将 EIP 指向目标线程上次被调度出时的指令地址。

4. Go 协程并发执行流程

不依赖操作系统和其提供的线程，Golang 自己实现的 CSP 并发模型：M、P 和 G。

Go 协程也叫用户态线程，协程之间的切换发生在用户态。在用户态时没有时钟中断和系统调用等机制，因此效率高。

5. Go 协程占用内存少

执行 Go 协程只需要极少的栈内存（大概是 4 ~ 5KB），默认情况下，线程栈的大小为 1MB。在空间上，协程初始化创建时为其分配的栈有 2KB。而线程栈要比这个数字大得多，可以通过 ulimit 命令查看，一般都在几兆，作者的机器上是 10M。如果对每个用户创建一个协程去处理，100 万并发用户请求只需要 2G 内存就够了，而如果用线程模型则需要 10T。

Goroutine 就是一段代码、一个函数入口以及在堆上为其分配的一个堆栈。所以它非常廉价，我们可以很轻松地创建上万个 Goroutine，但它们并不是被操作系统所调度执行的。

总结：协程是用户级，进程是操作系统级。要进内核态，协程在线程内部，线程切换要进内核和出内核，进内核和出内核的开销是巨大的，相比于线程由内核进行调度，协程由用户控制调度，因此可控性更高，不需要产生互斥这类操作；协程是用户调度的，不需要进出内核，上下文切换很少，比线程少，因此开销比较小。

无论是空间还是时间性能协程都比进程（线程）好得多，那么 linus 为什么不让它在操作系统里实现呢？操作系统为了实现实时性更好的目的，一些优先级比较高的进程会抢占其他进程的 CPU，而协程无法实现这一点，还得依赖于当前使用 CPU 的协程主动释放，与操作系统的实现目的不吻合。因此，协程的高效是以牺牲可抢占性为代价的。由于 Go 的协程调用起来太方便了，所以一些 Go 的程序员就很随意地使用 Go。要知道 Go 这条指令在切换到协程之前，得先把协程创建出来，而一次创建加上调度的开销就会变为 400ns，差不多相当于一次系统调用的耗时了。虽然协程很高效，但也不要乱用。

6. 协程开销测试

协程切换 CPU 开销的测试过程是不断地在协程之间让出 CPU，其核心代码如下：

```go
func cal()  {
    for i :=0 ; i<1000000 ;i++{
        runtime.Gosched()
    }
}
func main() {
    runtime.GOMAXPROCS(1)
    currentTime:=time.Now()
    fmt.Println(currentTime)
    go cal()
    for i :=0 ; i<1000000 ;i++{
        runtime.Gosched()
    }
    currentTime=time.Now()
    fmt.Println(currentTime)
}
```

编译运行：

```
go run main.go
2020-10-20 22:35:13.415197171 +0800 CST m=+0.000286059
2020-10-20 22:35:13.655035993 +0800 CST m=+0.240124923
```

平均每次协程切换的开销是（655035993–415197171）/2000000=120ns。进程切换开销大约 3.5 μs，大约是其 $\frac{1}{30}$，比系统调用造成的开销还要低。

1.16.11 GC 回收

经过多年发展，Golang 的 GC 已经改善了很多。Golang GC 算法的里程碑如下所列：

- v1.1 STW。
- v1.3 Mark STW，Sweep 并行。
- v1.5 三色标记法。
- v1.8 hybrid write barrier。

经典的 GC 算法有三种：引用计数（reference counting）、标记—清扫（mark & sweep）和复制收集（Copy and Collection）。Golang 的 GC 算法主要是基于标记—清扫（mark and sweep）算法，并在此基础上做了改进。

三色标记法，简单地说就是刚开始的时候左右对象都是白色的，当被另一个对象引用后就被标记为灰色，当灰色的对象又被其他对象引用后就被标记为黑色。重复此步骤，当灰色对象不存在后就开始回收白色对象。具体细节还要比此论述复杂得多。

Go 的垃圾回收有个触发阈值，这个阈值会随着每次内存的使用变大而逐渐增大（如初始阈值是 10MB，则下一次就是 20MB，再下一次就成为 40MB……），如果长时间没有触发 GC，Go 就会主动触发一次（2min）。高峰时内存使用量上去后，除非持续申请内存，靠阈值触发 GC 已基本不可能，而是要等最多 2min 开始触发 GC。

Go 语言在向系统交还内存时只是告诉系统这些内存不需要使用了，可以回收；同时，操作系统会采取"拖延症"策略，即不立即回收，而是等到系统内存紧张时才开始回收，这样该程序重新申请内存时的分配速度极快。

表面上，指针参数的性能要更好些，但实际上被复制的指针会延长目标对象的生命周期，还可能导致他被分配到堆上去，那么其性能消耗就得加上堆内存分配和垃圾回收的成本。

三色标记法（tricolor mark-and-sweep algorithm）是传统标记法（Mark-Sweep）的一个改进，它是一个并发的 GC 算法，在 Golang 中被用作垃圾回收的算法。但是也有一个缺陷，程序中的垃圾产生的速度可能会大于垃圾收集的速度，这样会导致程序中的垃圾越来越多地无法被收集。原理如下所述。

（1）开始创建白、灰和黑三个集合。

（2）将所有对象放入白色集合中，如图 1-12 所示。

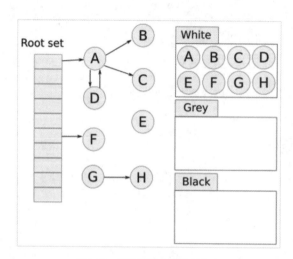

图1-12　所有对象在白色集合中

（3）从根节点开始遍历所有对象，把遍历到的对象从白色集合放入灰色集合，A 和 F 靠近根节点，放入灰色区域，如图 1-13 所示。

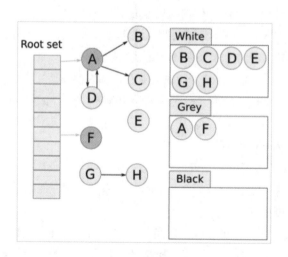

图1-13　对象从白色集合到灰色集合

（4）遍历灰色集合，遍历到 A 后，A 被 B、C、D 引用，把 B、C、D 放入灰色区域，把 A 放入黑色区域；遍历到 F、F 节点没有自节点，也会被移到黑色集合中，如图 1-14 所示。

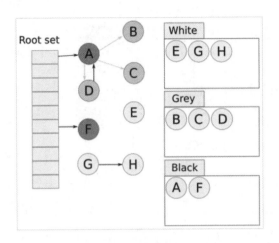

图1-14　遍历灰色集合

（5）不断扫描灰色区域。发现在白色集合中 B、C、D 都没有子节点，将 B、C、D 都移动到黑色集合中。直到灰色区域为空。因为用户程序是并行的，为了防止执行时可能会有新的对象被分配，标记时通过"写屏障（write-barrier）"检测对象有变化写屏障，如图 1-15 所示。

（6）此时只剩下 E、G、H 在白色集合中，剩下的对象都在黑色集合中，GC 清除白色集合中的对象，也就是回收这些对象，如图 1-16 所示。

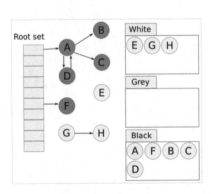

图1-15　扫描灰色区域

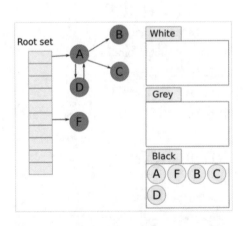

图1-16　回收对象

（7）垃圾回收结束后，GC 会将黑色集合变成白色集合，供下一次垃圾回收使用，如图 1-17 所示。

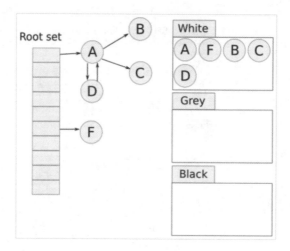

图1-17　垃圾回收结束后

（图参考http://idiotsky.top/2017/08/16/gc-three-color/）

1.17　Go 数据库操作

Go 的数据库操作底层如下：

db.Exec（insert int table... ）	// 新增
db.Exec（delete from... ）	// 删除
db.Exec（update table... ）	// 修改
db.Query	// 查询

兼容 MSSQL MySQL PostgreSQL Sqlite

1.17.1　Go Sqlite

```
/*
Sqlite 是一个本地数据库，无须安装，只需要一个文件适合快速部署，且对性能要求不是很高。
*/
package main

import (
    "database/sql"
    "encoding/json"
    "fmt"
    "log"
```

```go
        "os"
        "strconv"
        "strings"
        "sync"
        "time"

    _   "github.com/mattn/go-sqlite3"
)

var _db *sql.DB
var PthSep string

var oSingle sync.Once
var logsql = true

func GetTimeId() int64 {
    return time.Now().UnixNano() / int64(time.Millisecond)
}

// 初始化数据库
func InitDB() bool {

    var testdb *sql.DB
    var err error
    PthSep = string(os.PathSeparator)

    dbpath := "./db/db.sqlite"
    testdb, err = sql.Open("sqlite3", dbpath)
    if err != nil {
        log.Println(err)
        return false
    }
    if testdb == nil {
        log.Println("Init DB fail")
        return false
    }
    err2 := testdb.Ping()
    if err2 != nil {
        fmt.Printf("Error on opening database connection: %s", err2.Error())
        return false
    } else {
        _db = testdb
        _db.SetMaxOpenConns(2000)       // 设置最大打开连接数
        _db.SetMaxIdleConns(10)         // 设置最大空闲连接数
        log.Println("Init DB success")
```

```go
        return true
    }

}
func main() {

    if InitDB() {
        // 拼接好 sql 插入，要过滤一些特殊字符防止 sql 注入
        //sql:="INSERT   INTO   Users (id,UserName,Password,AddTime) VALUES
            ('1','mm','123456','2020-06-06')"
        //ExecuteUpdate(_db, sql)
        //arr := []interface{"22", "mmmm22mm", "123456mmmm22", "2020-06-06"}
        arr := []interface{}{"13", "bb", "cc", "2020-06-06"}
        // 用实务和参数化方式执行插入，可以防止 sql 注入
        sql := "INSERT INTO  Users (id,UserName,Password,AddTime)  VALUES (?,?,?,?)"
        ExecuteUpdateTran(_db, sql, arr)
        // 查询
        jsonstr := ExecuteQuery(_db, "select * from users")
        log.Println(jsonstr)
        // 结果 [{"addtime":"2020-06-06","id":"1","password":"123456","username":"mm"}]
    }

}


// 其实是 Go 的一种语法糖
// 它的第一个用法主要是用于函数有多个不定参数的情况，可以接受多个不确定数量的参数
// 执行 sql 事务
func ExecuteUpdateTran(db *sql.DB, sqlStr string, argsList []interface{}) bool {
    // 开启事务
    tx, err := db.Begin()
    if err != nil {
        fmt.Println("tx fail")
        return false
    }
    // 准备 sql 语句
    stmt, err := tx.Prepare(sqlStr)
    if err != nil {
        fmt.Println("Prepare faillllll")
        return false
    }

    // 将参数传递到 sql 语句中并执行
    res, err := stmt.Exec(argsList...)
    if err != nil {
        fmt.Println("Exec fail2222")
```

```go
        fmt.Println(err.Error())
        return false
    }
    // 将事务提交
    tx.Commit()
    // 获得上一个插入自增的 id
    fmt.Println(res.LastInsertId())
    return true


}


// 执行 sql 语句，适用于 Sqlite MySQL MSSQL PostgreSQL
func ExecuteUpdate(db *sql.DB, sqlStr string) int {

    res, err := db.Exec(sqlStr)
    if err != nil {
        log.Println("exec sql failed:", err.Error()+" "+sqlStr)
        return 0
    }
    rowId, err := res.RowsAffected()
    if err != nil {
        log.Println("fetch RowsAffected failed:", err.Error())
        return 0
    }

    str := strconv.FormatInt(rowId, 10)
    ret, _ := strconv.Atoi(str)
    return ret


}


// 查询 sql，返回 json 字符，适用于 Sqlite MySQL MSSQL PostgreSQL

func ExecuteQuery(db *sql.DB, sqlStr string) string {

    rows, err := db.Query(sqlStr)
    log.Println("sqlStr=" + sqlStr)

    if err != nil {
        log.Println(err.Error())
        return ""
    }
    defer rows.Close()
    //defer db.Close()
    columns, _ := rows.Columns()
```

```go
count := len(columns)

if count == 0 {
    return ""
}
values := make([]interface{}, count)
valuePtrs := make([]interface{}, count)
final_result := make([]map[string]string, 0)
result_id := 0
for i, _ := range columns {
    valuePtrs[i] = &values[i]
}
for rows.Next() {
    rows.Scan(valuePtrs...)
    m := make(map[string]string)
    for i, col := range columns {
        v := values[i]
        key := strings.ToLower(col)
        if v == nil {
            m[key] = ""
        } else {

            switch v.(type) {
            default:
                m[key] = fmt.Sprintf("%s", v)
            case bool:

                m[key] = fmt.Sprintf("%s", v)
            case int:

                m[key] = fmt.Sprintf("%d", v)
            case int64:

                m[key] = fmt.Sprintf("%d", v)
            case float64:

                m[key] = fmt.Sprintf("%1.2f", v)
            case float32:

                m[key] = fmt.Sprintf("%1.2f", v)
            case string:

                m[key] = fmt.Sprintf("%s", v)
            case []byte: // -- all cases go HERE!
```

```
                    m[key] = string(v.([]byte))
            case time.Time:
                    m[key] = fmt.Sprintf("%s", v)
            }
        }
    }

    final_result = append(final_result, m)

    result_id++
    }

    jsonData, err := json.Marshal(final_result)
    if err != nil {
        return ""
    }

    return string(jsonData)

}
```

1.17.2 Go MySQL

MySQL 操作如下：

```
package main

import (
    "database/sql"
    "encoding/json"
    "fmt"
    "log"

    "strconv"
    "strings"
    "time"

    _ "github.com/go-sql-driver/mysql"
)

// 初始化数据库
//Db 数据库连接池
var _db *sql.DB
var PthSep string
```

```go
var Dbhost = "192.168.1.74"
var Dbport = 3306
var Dbuser = "root"
var Dbpassword = "Sky_1728"
var Dbname = "mysql"

func main() {

    if InitDB() {
        // 插入操作
        //sql := "INSERT INTO  Users (id,UserName,Password,AddTime)  VALUES
            ('1','mm','123456','2020-06-06')"
        //ExecuteUpdate(_db, sql)
        // 删除操作
        //ExecuteUpdate(_db, "delete from users where id=0")
        // 查询
        jsonstr := ExecuteQuery(_db, "select * from mysql.user limit 1")
        log.Println(jsonstr)
        // 数据库的 insert、delete 以及 update 的步骤内容大致一致，差别就是 sql 语句的变化
    }
}


func InitDB() bool {

    var testdb *sql.DB
    var err error
    log.Println("Init DB pgsql ...")
    // 构建连接，格式："用户名:密码@tcp(IP:端口)/数据库?charset=utf8"
    testdb, err = sql.Open("mysql", "root:Sky_1728@tcp(192.168.1.74:3306)/mysql?charset=utf8")

    if err != nil {
        log.Println(err)
        return false
    }
    if testdb == nil {
        log.Println("Init DB fail")
        return false
    }

    log.Println("testing db connection...")

    err2 := testdb.Ping()

    if err2 != nil {
```

```go
        fmt.Printf("Error on opening database connection: %s", err2.Error())
        return false
    } else {
        log.Println("connection.success")
        _db = testdb
        _db.SetMaxOpenConns(2000)         // 设置最大打开连接数
        _db.SetMaxIdleConns(10)           // 设置最大空闲连接数

        return true
    }

    /*
    避免错误操作，例如 LOCK TABLE 后用 INSERT 会死锁，因为两个操作不是同一个连接，insert 的连接没
有 table lock。当需要连接且连接池中没有可用连接时，新的连接就会被创建。
    默认没有连接上限，此处可以设置一个，但这可能会导致数据库产生错误：too many connections。
    db.SetMaxIdleConns(N) 设置最大空闲连接数；
    db.SetMaxOpenConns(N) 设置最大打开连接数；
    长时间保持空闲连接可能会导致 db timeout。

    */
}
```

1.17.3 Go MSSQL

```go
/*
MSSQL 是微软数据库，其优点是稳定可靠，缺点是收费。使用过程中对比相同查询语句，MSSQL 可以做查询优化
处理，比较智能。
PGSQL 和 MySQL 不会做自动优化，要使用者把 SQL 执行顺序优化好。
*/
package main

import (
    "database/sql"
    "encoding/json"
    "fmt"
    "log"
    "strconv"
    "strings"
    "time"
    _ "github.com/denisenkom/go-mssqldb"
)

// 初始化数据库
```

```go
//Db 数据库连接池
var _db *sql.DB
var PthSep string

var Dbhost = "127.0.0.1"
var Dbport = 1443
var Dbuser = "root"
var Dbpassword = "apppp"
var Dbname = "invoice"

func main() {

    if InitDB() {
        // 插入操作
        //sql:="INSERT INTO Users (id,UserName,Password,AddTime)  VALUES
        ('1','mm','123456','2020-06-06')"
        //ExecuteUpdate(_db, sql)
        // 删除操作
        //ExecuteUpdate(_db, "delete from users where id=0")
        // 查询
        jsonstr := ExecuteQuery(_db, "select * from mysql.user limit 1")
        log.Println(jsonstr)
        // 数据库的 insert、delete 以及 update 的步骤内容大致一致，差别就是 sql 语句的变化
    }
}


func InitDB() bool {

    var testdb *sql.DB
    var err error
    log.Println("Init DB pgsql ...")
    // 连接字符串
    connString := fmt.Sprintf("server=%s;port%d;database=%s;user id=%s; password=%s",
    Dbhost, Dbport, Dbname, Dbuser, Dbpassword)

    testdb, err = sql.Open("mssql", connString)

    if err != nil {
        log.Println(err)
        return false
    }
    if testdb == nil {
        log.Println("Init DB fail")
        return false
    }
```

```
    log.Println("testing db connection...")

    err2 := testdb.Ping()

    if err2 != nil {
        fmt.Printf("Error on opening database connection: %s", err2.Error())
        return false
    } else {
        log.Println("connection.success")
        _db = testdb
        _db.SetMaxOpenConns(2000)          // 设置最大打开连接数
        _db.SetMaxIdleConns(10)            // 设置最大空闲连接数

        return true
    }

}
```

1.17.4 Go PostgreSQL

PostgreSQL 不仅仅是 SQL 数据库，它可以存储 array 和 json，可以在 array 和 json 上建索引，甚至还能用表达式索引。为了实现文档数据库的功能，开发者设计了 jsonb 的存储结构，其性能已优于 BSON，代码如下：

```
package main

import (
    "database/sql"
    "encoding/json"
    "fmt"
    "log"

    "strconv"
    "strings"
    "time"

    _ "github.com/lib/pq"
)

// 初始化数据库

var _db *sql.DB
```

```go
var PthSep string

var Dbhost = "127.0.0.1"
var Dbport = 5432
var Dbuser = "postgres"
var Dbpassword = "Ap19840608"
var Dbname = "invoice"

func main() {

    InitDB()
    // 插入操作
    //sql := "INSERT INTO  Users (id,UserName,Password,AddTime)  VALUES
      ('1','mm','123456','2020-06-06')"
    //ExecuteUpdate(_db, sql)
    // 删除操作
    //ExecuteUpdate(_db, "delete from users where id=0")
    // 查询
    jsonstr := ExecuteQuery(_db, "select * from users limit 1")
    log.Println(jsonstr)

}

func InitDB() bool {

    var testdb *sql.DB
    var err error
    log.Println("Init DB pgsql ...")
    psqlInfo := fmt.Sprintf("host=%s port=%d user=%s password=%s dbname=%s
    sslmode=disable", Dbhost, Dbport, Dbuser, Dbpassword, Dbname)
    testdb, err = sql.Open("postgres", psqlInfo)

    if err != nil {
        log.Println(err)
        return false
    }
    if testdb == nil {
        log.Println("Init DB fail")
        return false
    }

    log.Println("testing db connection...")

    err2 := testdb.Ping()
```

```go
    if err2 != nil {
        fmt.Printf("Error on opening database connection: %s", err2.Error())
        return false
    } else {
        log.Println("connection.success")
        _db = testdb
        _db.SetMaxOpenConns(2000)        // 设置最大打开连接数
        _db.SetMaxIdleConns(10)          // 设置最大空闲连接数


        return true
    }


}
```

1.17.5 Go Redis

```go
/*
Redis是一个开源的、使用C语言编写的、支持网络交互的、可基于内存也可持久化的Key-Value数据库。
Redis 优势如下：
性能极高：Redis 能读的速度是 110000 次 /s，写的速度是 81000 次 /s 。
丰富的数据类型：Redis 支持二进制案例的 Strings、Lists、Hashes、Sets 及 Ordered Sets 数据类
型操作。
原子：Redis 的所有操作都是原子性的，同时 Redis 还支持对几个操作合并后的原子性执行。
丰富的特性：Redis 还支持 publish/subscribe、通知和 key 过期等特性。
*/

package main

import (
    "encoding/json"
    "fmt"


    "github.com/garyburd/redigo/redis"
    //"github.com/go-redis/redis"
)

var conn redis.Conn
var err error

func main() {
    fmt.Println("redis set")
    Set("key11", "value11")
    Get("key11")
```

```go
        fmt.Println("redis set finish")
}
func init() {
    fmt.Println("redis init")
    conn, err = redis.Dial("tcp", "192.168.1.74:6379")
    if err != nil {
        fmt.Println(err.Error())
        return
    }
    //defer conn.Close()
}


func Set(key, value string) bool {
    if conn == nil {
        fmt.Println("redis nil")
        return false
    }
    // _, err = conn.Do("SET", "key", "value", "EX", "5") 设置过期时间，过期后再读就是nil
    _, err = conn.Do("SET", key, value)
    if err != nil {
        fmt.Println("redis set failed:", err.Error())
        return false
    }
    return true
}


func Get(key string) string {
    if conn == nil {
        fmt.Println("redis nil")
        return ""
    }
    value, err := redis.String(conn.Do("GET", key))
    if err != nil {
        fmt.Println("redis get failed:", err)
        return ""
    } else {
        fmt.Printf("Get key= %v \n", value)
        return value
    }
}


func ExistsKey(key string) bool {
    if conn == nil {
        fmt.Println("redis nil")
```

```go
        return false
    }
    is_key_exit, err := redis.Bool(conn.Do("EXISTS", key))
    if err != nil {
        fmt.Println("error:", err)
        return false
    } else {
        fmt.Printf("exists or not: %v \n", is_key_exit)
        return true
    }

}
func DeleteKey(key string) bool {
    if conn == nil {
        fmt.Println("redis nil")
        return false
    }
    _, err = conn.Do("DEL", "mykey")
    if err != nil {
        fmt.Println("redis delelte failed:", err)
        return false
    }
    return true
}

func SetJson(key, value string) bool {

    if conn == nil {
        fmt.Println("redis nil")
        return false
    }
    n, err := conn.Do("SETNX", key, value)
    if err != nil {
        fmt.Println(err)
        return false
    }
    if n == int64(1) {
        fmt.Println("success")
    }
    return true
}

func GetJson(key string) string {
    if conn == nil {
        fmt.Println("redis nil")
```

```go
        return ""
    }
    var imap map[string]string

    valueGet, err := redis.Bytes(conn.Do("GET", key))
    if err != nil {
        fmt.Println(err)
    }

    errShal := json.Unmarshal(valueGet, &imap)
    if errShal != nil {
        fmt.Println(err)
    }
    fmt.Println(imap["username"])
    fmt.Println(imap["password"])

    return string(valueGet[:])
}
```

1.17.6　Go ETCD

```go
/*
ETCD 是 CoreOS 团队于 2013 年 6 月发起的开源项目，它的目标是构建一个高可用的分布式键值 (key-value)
数据库。
etcd 内部采用 Raft 协议作为一致性算法，etcd 基于 Go 语言实现。etcd 作为服务发现系统，有以下特点：
简单：安装配置简单，而且提供了 HTTP API 进行交互，使用也很简单。
安全：支持 SSL 证书验证。
快速：根据官方提供的 benchmark 数据，单实例支持每秒 2000 字以上的读操作。
可靠：采用 Raft 算法，实现分布式系统数据的可用性和一致性。
*/
package main

import (
    "RouteManage/public"
    "context"
    "fmt"
    "log"
    "strings"
    "time"

    "github.com/coreos/etcd/clientv3"
    "github.com/coreos/etcd/etcdserver/api/v3rpc/rpctypes"
)
```

```go
func main() {
    InitDb()
}

var cli *clientv3.Client
var err error

func InitDb() {
    //log.Println("inidb")
    //etcd至少3台服务器，一台为主其他为从，数据一致
    // 如果其中一台崩了，其他两台会重新选出主从机，保证服务可靠稳定
    etcdservers := "192.168.1.1:2379,192.168.1.2:2379,192.168.1.3:2379"
    array := strings.Split(etcdservers, ",")
    cli, err = clientv3.New(clientv3.Config{
        Endpoints:   array,
        DialTimeout: 5 * time.Second,
    })
    if err != nil {
        log.Println("inidb fail")
        fmt.Println(err)
        return
    }

}

func Getdb() *clientv3.Client {
    if cli == nil {
        InitDb()
    }
    if cli != nil {
        //log.Println("client is not nil")
        return cli
    }
    log.Println("client is nil")
    return nil
}

// 添加数据
func Put(key, value string) bool {
    //fmt.Println("put key=" + key + " value=" + value)
    if len(value) == 0 || len(key) == 0 {
        return false
    }
```

```
    Getdb()
    if cli == nil {
        fmt.Println("db init error")
        return false
    }

    ctx, cancel := context.WithTimeout(context.Background(), time.Second*time.Duration(10))
    resp, err := cli.Put(ctx, key, value)
    cancel()
    if err != nil {
        switch err {
        case context.Canceled:
            fmt.Println("ctx is canceled by another routine: %v", err)
        case context.DeadlineExceeded:
            fmt.Println("ctx is attached with a deadline is exceeded: %v", err)
        case rpctypes.ErrEmptyKey:
            fmt.Println("client-side error: %v", err)
        default:
            fmt.Println("bad cluster endpoints, which are not etcd servers: %v", err)
        }
        return false
    }
    if resp.PrevKv != nil {
        fmt.Println(resp.PrevKv)
    }

    //fmt.Println("success put key=" + key + " value=" + value)
    return true
}

// 获取数据，根据key前缀获取相关的数据，返回一个map
func GetMap(key string) map[string]string {
    //fmt.Println("getmap key=" + key)

    Getdb()

    kv := make(map[string]string)
    ctx, cancel := context.WithTimeout(context.Background(), time.Second*time.Duration(5))
    resp, err := cli.Get(ctx, key, clientv3.WithPrefix(), clientv3.
    WithSort(clientv3.SortByKey, clientv3.SortDescend))
    cancel()
    if err != nil {
        log.Println("err %v", err)
        return kv
    }
```

```go
    for _, ev := range resp.Kvs {

        kv[string(ev.Key)] = string(ev.Value)

    }
    return kv

}


// 获取数据，根据 key 前缀获取相关的数据，返回一个 map 数组
func GetMapArray(key string) []map[string]string {
    Getdb()
    //fmt.Println("get key=" + key)
    //kv := make(map[string]string)
    ctx, cancel := context.WithTimeout(context.Background(), time.Second*time.Duration(5))
    resp, err := cli.Get(ctx, key, clientv3.WithPrefix(), clientv3.
    WithSort(clientv3.SortByKey, clientv3.SortDescend))
    cancel()
    if err != nil {
        log.Println("err %v", err)
        return nil
    }
    final_result := make([]map[string]string, 0)

    //log.Println(resp.Kvs)
    for _, ev := range resp.Kvs {
        m := make(map[string]string)
        m["key"] = string(ev.Key) // strings.Replace(string(ev.Key), key, "", -1)
        m["value"] = string(ev.Value)

        final_result = append(final_result, m)

    }
    return final_result

}


// 删除数据，匹配 key 的前缀
func DeletePrefix(key string) bool {
    Getdb()

    ctx, cancel := context.WithTimeout(context.Background(), time.Second*time.Duration(5))
    _, err := cli.Delete(ctx, key, clientv3.WithPrefix()) //
    //withPrefix() 是为了获取该 key 为前缀的所有 key-value
```

Go语言从基础到中台微服务实战开发

```
        cancel()

        if err != nil {
            return false
        }

        return true

    }


// 删除数据匹配整个 key
func Delete(key string) bool {
    Getdb()

    ctx, cancel := context.WithTimeout(context.Background(), time.Second*time.Duration(5))
    _, err := cli.Delete(ctx, key)        //, clientv3.WithPrefix()
    //withPrefix() 是为了获取该 key 为前缀的所有 key-value
    cancel()

    if err != nil {
        return false
    }

    return true

}


// 监控 key 的数据变化
func Watch(key string) {
    wc := cli.Watch(context.Background(), key, clientv3.WithPrefix(), clientv3.WithPrevKV())
    for v := range wc {
        if v.Err() != nil {
            //panic(err)
        }
        for _, e := range v.Events {
            fmt.Printf("type:%v\n kv:%v  prevKey:%v  ", e.Type, e.Kv, e.PrevKv)
        }
    }
}

func CheckErr(err error) {
    if err != nil {
        log.Println(err)
    }
}
```

1.17.7　Go ORM

如果不会写 SQL 或者不喜欢写 SQL 怎么办呢？那就需要用 ORM 了。它封装了一层，把参数传进来就会生成 SQL 传递给底层执行。ORM 操作数据库不需要会使用 SQL 语言，但缺点也是有的，比如不能像直接写 SQL 那样运用灵活，代码如下：

```go
package main

import (
    //"encoding/json"
    "fmt"
    "log"

    _ "github.com/go-sql-driver/mysql"
    "github.com/jinzhu/gorm"
)

// 初始化数据库
//Db 数据库连接池
var _db *gorm.DB
var PthSep string

func main() {

    if InitDB() {
        testdata(_db)
    }
}

// 表结构
type UserInfo struct {
    Id         int       `gorm: "primary_key;AUTO_INCREMENT:number"`
    UserName   string    `gorm: "column:username"`
    Password   string    `gorm: "column:password"`
    Age        string    `gorm: "column:age"`

}

func InitDB() bool {

    var err error
```

```go
    log.Println("Init DB  ...")
    // 构建连接，格式："用户名：密码@tcp(IP:端口)/数据库?charset=utf8"

    _db, err = gorm.Open("mysql", "root:Sky_1728@tcp(192.168.1.74:3306)/mysql?charset=utf8")
    if err != nil {
        log.Println(err)
        return false
    }
    if _db == nil {
        log.Println("Init DB fail")
        return false
    }

    log.Println("connection.success")
    // 全局禁用表名复数
    _db.SingularTable(true)

    has := _db.HasTable(&UserInfo{})
    if !has {
        _db.AutoMigrate(&UserInfo{})
        fmt.Println("创建表")
    }

    return true

}

func testdata(db *gorm.DB) {
    // 添加数据
    db.Create(&UserInfo{UserName: "lulu", Password: "123", Age: "23"})
    db.Create(&UserInfo{UserName: "cccc", Password: "123", Age: "123"})

    // 查询数据

    // 获取第一条记录
    fmt.Println("获取第一条记录")
    var user UserInfo
    db.First(&user)
    fmt.Println(user)

    // 更新数据
    fmt.Println("更新lulu全部字段")
    user.UserName = "lulu"
    user.Password = "111111"
    db.Save(user)
```

```go
    fmt.Println(" 更新部分字段 ")
    db.Model(&user).Update("username", "luuu")

    // 删除记录
    var del_user UserInfo
    del_user.Id = 4
    del_user.UserName = "cc"
    db.Delete(&del_user)

    // 获取所有记录
    fmt.Println(" 获取所有记录 ")
    var users []UserInfo
    db.Find(&users)
    fmt.Println(users)

    // 查询
    var userinfo UserInfo
    err := _db.Debug().Model(&userinfo).Where("username = ?", "luuu").Scan(&userinfo).Error
    if err != nil {
        return
    }
    fmt.Println(userinfo)

}
// 指定查询字段 -Select

db.Select("username ,age").Where(map[string]interface{}{"age":12,"sex":1}).Find(&u)
// 使用 Struct 和 map 作为查询条件
// 使用 Struct, 相当于 : select * from user where age =12 and sex=1
db.Where(&User{Age:12,Sex:1}).Find(&u)

// 等同上一句
db.Where(map[string]interface{}{"age":12,"sex":1}).Find(&u)
not 条件的使用
// 意为 where name not in ("lili","lucy")
db.Not("username ","lili","lucy").Find(&u)

// 同上
db.Not("username ",[]string{"lili","lucy"}).Find(&u)
//or 的使用
//where age > 12 or sex = 1
db.Where("age > ?",12).Or("sex = ?",1).Find(&u)
//order by 的使用
//order by age desc
```

```
db.Where("age > ?",12).Or("sex = ?",1).Order("age desc").Find(&u)
//limit 的使用
//limit 10
db.Not("username ",[]string{"lili","lucy"}).Limit(10).Find(&u)
//offset 的使用
//limit 300,10
db.Not("username ",[]string{"lili","lucy"}).Limit(10).Offset(300).Find(&u)
count(*)
//count(*)
var count int
db.Table("user").Where("age > ?",0).Count(&count)
```

🔔 **注意：**

这里在指定表名的情况下，sql 为 select count(*) from user where age > 0；

如上述代码改为：

```
var count int
var user []User
db.Where("age > ?",0).Find(&user).Count(&count)
// 相当于先查出来 []User，然后统计这个 list 的长度。可知和预期的 sql 不相符。

group & having
rows, _ := db.Table("user").Select("count(*),sex").Group("sex").
        Having("age > ?", 10).Rows()
for rows.Next() {
    fmt.Print(rows.Columns())
}
join
db.Table("user u").Select("u.name,u.age").Joins("left join user_ext ue on u.user_id
= ue.user_id").Row()
如果有多个连接，用多个 Join 方法即可。

原生函数
db.Exec("DROP TABLE user;")
db.Exec("UPDATE user SET name=? WHERE id IN (?)", "lili", []int{11,22,33})
db.Exec("select * from user where id > ?",10).Scan(&user)
```

1.18 Go 热更新

由于逻辑业务需要修改和重构、重新打包发布更新服务程序，一般的做法是停止服务，替换可执行文件，再重启服务。但由于服务突然停止会造成正在进行的操作中断，连接中断后造成各种丢单丢数据的后果，这时候就需要热更新了。热更新既可以不停止服务又可以更新发布新的程序。

热更新的原理和过程

（1）接收到更新信号，一般是在 linux 下执行 kill -HUP pid；pid 可以用 pidof 进程名称查询。

（2）开启子线程 fork()。

（3）新的请求由新进程服务，旧的进程停止接收数据。处理完旧的请求，就完全切换到了新进程。代码如下：

```go
// 开启一个支持热更新的 Http Server
func (srv *Server) ListenAndServe() (err error) {

    addr := srv.Addr
    if addr == "" {
        addr = ":http"
    }
        // 倾听信号
    go srv.handleSignals()

    srv.ln, err = srv.getListener(addr)
    if err != nil {
        log.Println(err)
        return err
    }

    if srv.isChild {
        process, err := os.FindProcess(os.Getppid())
        if err != nil {
            log.Println(err)
            return err
        }
        err = process.Signal(syscall.SIGTERM)
        if err != nil {
            return err
        }
    }

    log.Println(os.Getpid(), srv.Addr)
    return srv.Serve()
}

func (srv *Server) handleSignals() {

    var sig os.Signal
```

```
signal.Notify(
    srv.sigChan,
    hookableSignals...,
)

pid := syscall.Getpid()
for {
    sig = <-srv.sigChan
    srv.signalHooks(PreSignal, sig)
    switch sig {
    case syscall.SIGHUP:
        log.Println(pid, "接收到热更新信号")
        // 开启子进程
        err := srv.fork()
        if err != nil {
            log.Println("Fork err:", err)
        }
    case syscall.SIGINT:
        srv.shutdown()
    case syscall.SIGTERM:
        srv.shutdown()
    default:
        log.Printf("Received %v: nothing i care about...\n", sig)
    }
    srv.signalHooks(PostSignal, sig)
}
}
```

1.19　交叉编译

交叉编译是在一个平台上生成另一个平台上的可执行代码。同一个体系结构可以运行不同的操作系统；同样地，同一个操作系统也可以在不同的体系结构上运行。

交叉编译的第三方源码库必须支持要运行的平台才能编译；如果不支持，还是要到原生系统下编译。例如，在 Mac 上编译 64 位 Linux 的编译命令：

```
GOOS=inux GOARCH=amd64 go build main.go
```

上面这行代码直接在命令控制台里面运行就可以生成 64 位 Linux 的可执行程序。

GOOS：目标操作系统 darwin、windows、freebsd 和 linux；

GOARCH：目标操作系统的架构 386、amd64 和 arm。

使用 CGO_ENABLED=0 来控制 go build 是否使用 CGO 编译器？Golang 1.9 中没有使用 CGO_ENABLED 参数，依然可以正常编译。

Mac 下编译 Linux，Windows 平台的 64 位可执行程序如下：

```
CGO_ENABLED=0 GOOS=linux GOARCH=amd64 go build main.go
CGO_ENABLED=0 GOOS=windows GOARCH=amd64 go build main.go
```

Linux 下编译 Mac，Windows 平台的 64 位可执行程序如下：

```
CGO_ENABLED=0 GOOS=darwin GOARCH=amd64 go build main.go
CGO_ENABLED=0 GOOS=windows GOARCH=amd64 go build main.go
```

Windows 下编译 Mac，Linux 平台的 64 位可执行程序如下：

```
Set CGO_ENABLED=0
Set GOOS=darwin
Set GOARCH=amd64
go build main.go

Set GOOS=linux
go build main.go
```

Go 的主流框架均开源，开源框架网址：https://github.com/avelino/awesome-go。

1.20　Go 测试框架

Go 语言的 test 代码，文件名要以 _test 结尾，测试函数以 Test 开头。

go test 命令是一个按照一定的约定和组织来测试代码的程序。在包目录内，所有以 "_test.go" 为后缀名的源文件在执行 go build 时不会被构建成包的一部分，它们是 go test 测试的一部分。在 "*_test.go" 文件中，有三种类型的函数：测试函数、基准测试（benchmark）函数和示例函数。一个测试函数是以 Test 为函数名前缀的函数，用于测试程序的一些逻辑行为是否正确；go test 命令会调用这些测试函数并报告测试结果是 PASS 或 FAIL。基准测试函数是以 Benchmark 为函数名前缀的函数，它们用于衡量一些函数的性能；go test 命令会多次运行基准函数以计算一个平均的执行时间。示例函数是以 Example 为函数名前缀的函数，提供一个由编译器保证正确性的示例文档。

go test 命令会遍历所有的 "*_test.go" 文件中符合上述命名规则的函数，生成一个临时的 main 包用于调用相应的测试函数，接着构建并运行、报告测试结果，最后清理测试中生成的临时文件。下面看一个例子，被测函数 testMe.go 代码如下：

```
package main

func s1(s string) int {
    if s == "" {
        return 0
    }
```

```
    n := 1
    for range s {
        n++
    }
    return n
}
```

测试函数 testMe_test.go 代码如下：

```
package main

import "testing"

func TestS1(t *testing.T) {
    if s1("abcdefgh") != 9 {
        t.Error(`s1("abcdefgh") != 9`)
    }

    if s1("") != 0 {
        t.Error(`s1("") != 0`)
    }
}
```

go test testMe.go testMe_test.go -run='s1'–v 输出结果如下：

```
D:\mybook\source>go test testMe.go testMe_test.go -v
=== RUN   TestS1
--- PASS: TestS1 (0.00s)
PASS
ok      command-line-arguments  0.338s
```

1.21 Web 开发

    html/template 这个标准库，是 Go 实现了数据驱动的模板，用于生成可对抗代码注入的安全 HTML 输出。简单来说就是对 html、csst 和 JavaScript 进行安全转换，前后端分离的 Restful 架构大行其道，传统的模板技术已经不多见了。实际上只是渲染的地方由后端转移到了前端，模板的渲染技术本质上还是一样的。简言之，就是字串模板和数据的结合。

    Golang 提供了两个标准库用来处理模板 text/template 和 html/template。我们使用 html/template 格式化 html 字符。所谓模板引擎，则是将模板和数据进行渲染的输出格式化后的字符程序。对于 Go，执行这个流程大概需要以下三步。

①创建模板对象。

②加载模板字串。

③执行渲染模板。

模板语法都包含在"{{"和"}}"中间，其中"{{.}}"中的点表示后台 Execute 传送的当前对象。当传入一个结构体对象时，可以根据"."来访问结构体的对应字段。

下面举例网页调用后台显示数据。

按照 Go 模板语法定义一个 index.html 的模板文件，代码如下：

```html
<!DOCTYPE html>
<html lang="zh-CN">
<head>
    <meta charset="UTF-8">
    <meta name="viewport" content="width=device-width, initial-scale=1.0">
    <meta http-equiv="X-UA-Compatible" content="ie=edge">
    <title>Hello</title>
</head>
<body>
<p>名称 {{ .user.Name }}</p>
<p>年龄 {{ .user.Age }}</p>
<p>性别 {{ .user.Gender }}</p>

<p>名称 {{ .m.name }}</p>
<p>年龄 {{ .m.age }}</p>
<p>性别 {{ .m.gender }}</p>

<hr>
        {{if .carList}}
        {{range .carList}}
        <div>{{ . }}</div>
        {{else}}<div>
            <strong>no rows</strong></div>{{end}}
        {{else}}
            <p>carList 为空 </p>
        {{end}}
</body>
</html>
```

新建一个 main.go 文件，代码如下：

```go
package main

import (
    "html/template"
    "log"
    "net/http"
```

```go
)

type User struct {
    Name   string
    Gender string
    Age    int
}

func sayHello(w http.ResponseWriter, r *http.Request) {
    // 加载模板并解析模板
    t, err := template.ParseFiles("./index.html")
    if err != nil {
        log.Println("Parse template failed, err%v", err)
        return
    }
    // 渲染字符串
    name := "mmm"
    //err = t.Execute(w, name)
    // 渲染结构体
    user := User{
        Name:   name,
        Gender: "男",
        Age:    23,
    }
    //err = t.Execute(w, user)
    // 渲染 map
    m := map[string]interface{}{
        "name":   name,
        "gender": "男",
        "age":    24,
    }
    //err = t.Execute(w, m)
    carList := []string{
        "汽车",
        "火车",
        "货车",
    }
    // 把对象传输到模板展示
    err = t.Execute(w, map[string]interface{}{
        "m":       m,
        "user":    user,
        "carList": carList,
    })
    if err != nil {
        log.Println("render template failed, err%v", err)
```

```
        return
    }
}
func main() {
    http.HandleFunc("/", sayHello)
    err := http.ListenAndServe(":8099", nil)
    if err != nil {
        log.Println("http server start failed,err:%v", err)
    }
}
```

命令执行如下：

```
go run main.go
```

然后在浏览器输入：127.0.0.1:8099/，就可以看到网页输出结果。

第二部分

Go 实战和中台微服务

第 2 章　Go 开发商品管理系统实战

2.1　数据库设计

为了演示一个从前端请求到后端获取数据展示的系统，只简单设计了一个表，如下所示：

Id	string	产品 ID 主键
UserId	string	用户 id
CategoryId	string	产品分类
ProductName	string	商品名称
Price	string	价格
Remark	string	备注
AddTime	string	添加时间

2.2　后端实现

后端服务代码采用简单工厂模式来设计，分为数据访问层、数据层和业务逻辑层。这种模式在 C# 和 Java 中应用比较广泛，可以借鉴。涉及模式和算法时，其相关理论都是相通的。

2.2.1　数据访问层

```
package dal

import (
    "database/sql"
    "encoding/json"
    "fmt"
    "invoice/public"
    "log"
```

```go
        "os"
        "path/filepath"
        "reflect"
        "strconv"
        "strings"
        "sync"
        "time"

    _   "github.com/lib/pq"
    _   "github.com/mattn/go-sqlite3"
)

var _db *sql.DB
var PthSep string
var ISmac int

// 支持切换 pgsql sqlite
var Dbtype = "sqlite"        // "pgsql" sqlite
var Dbhost = ""              //"127.0.0.1"
var Dbport = 5432
var Dbuser = "postgres"
var Dbpassword = ""
var Dbname = "invoice"

var oSingle sync.Once
var logsql = true

func GetTimeId() int64 {
    return time.Now().UnixNano()  / int64(time.Millisecond)
}

func InitDB() bool {

    var testdb *sql.DB
    var err error
    if Dbtype == "pgsql" {
        if CreateDb() {
            public.Log("Init DB pgsql ...")
            psqlInfo := fmt.Sprintf("host=%s port=%d user=%s password=%s dbname=%s
            sslmode=disable", Dbhost, Dbport, Dbuser, Dbpassword, Dbname)
            testdb, err = sql.Open("postgres", psqlInfo)
        } else {
            public.Log("create pgsql fail ...")
            return false
        }
```

```go
    } else {
        public.Log("Init DB sqlite ...")
        curdir := public.GetCurDir()
        PthSep = string(os.PathSeparator)
        dbpath := curdir + PthSep + "db" + PthSep + "db.sqlite"

        if !public.ExistsPath(dbpath) {
            public.Log("db not exists" + dbpath)
        }
        if public.ExistsPath(dbpath) {
            public.Log(dbpath + "  存在")
            testdb, err = sql.Open("sqlite3", dbpath)
        } else {
            public.Log("db not exists" + dbpath)
        }
    }
    if err != nil {
        public.Log(err)
        return false
    }
    if testdb == nil {
        public.Log("Init DB fail")
        return false
    }
    public.Log("testing db connection...")
    err2 := testdb.Ping()
    public.Log("ping..." + Dbtype)
    if err2 != nil {
        fmt.Printf("Error on opening database connection: %s", err2.Error())
        return false
    } else {
        public.Log("connection.success")
        _db = testdb
        _db.SetMaxOpenConns(2000)      // 设置最大打开连接数
        _db.SetMaxIdleConns(10)        // 设置最大空闲连接数
        return true
    }
}


// 创建表
func AddTable() {
sql := `CREATE TABLE IF NOT EXISTS  users (Id SERIAL PRIMARY KEY NOT NULL ,
userId INTEGER, userName VARCHAR(50),
password VARCHAR(50), userRole INTEGER,
```

```
flag INTEGER,
addTime timestamp(0) without time zone,
DepartmentId INTEGER,
phone  VARCHAR(50), address  VARCHAR(50), remark VARCHAR(50),
ServerId INTEGER, dataFrom INTEGER,
AddEditDel INTEGER DEFAULT 1,
Power VARCHAR(50), Email VARCHAR(50), CardNum VARCHAR(50), IdNum VARCHAR(50),
Sex VARCHAR(50), FilePath VARCHAR(50), CompanyName VARCHAR(50),
CategoryId INTEGER,
Name VARCHAR(50), Birthday VARCHAR(50));
CREATE TABLE IF NOT EXISTS Product (Id SERIAL PRIMARY KEY NOT NULL ,
name VARCHAR(50), phone VARCHAR(50), address VARCHAR(50),
remarks VARCHAR(50), belong VARCHAR(50),
ActualPay float, overdRaft float, ServerId INTEGER,
flag INTEGER, dataFrom INTEGER, userid INTEGER,
AddEditDel INTEGER DEFAULT 1, Recharge FLOAT DEFAULT 0,
Gifts FLOAT DEFAULT 0,
CardNumber VARCHAR(50), Birthday timestamp(0) without time zone,
Category INTEGER,
Email VARCHAR(50), CardNum VARCHAR(50), IdNum VARCHAR(50),
Sex VARCHAR(50), FilePath VARCHAR(50), Username VARCHAR(50));


    arr := strings.Split(sql, ";")
    for i := 0; i < len(arr); i++ {
        str := arr[i]
        str = strings.Replace(str, "\n", "", -1)
        if len(str) > 0 {
            ExecuteUpdateInDb(Getdb(), str)
        }
    }
}

func Getdb() *sql.DB {

    err := _db.Ping()
    if err != nil {
        log.Fatalf("Error on opening database connection: %s", err.Error())
    }
    // Ping验证连接到数据库是否还活着，必要时建立连接
    return _db


}
func PrintCurrentPath() {
```

```go
    dir, errer := filepath.Abs(filepath.Dir(os.Args[0]))
    if errer != nil {
        log.Fatal(errer)

    }
    public.Log(dir)
}


// 获取第一行第一列的json数据
func GetSingleJson(sqlStr string) string {

    return GetSingleJsonInDb(Getdb(), sqlStr)

}

// 获取第一行第一列的数据
func GetSingle(sqlStr string) string {

    return GetSingleInDb(Getdb(), sqlStr)

}

// 获取第一行第一列的数据
func GetSingleInDb(db *sql.DB, sqlStr string) string {
    var id string
    if logsql {
        public.Log(sqlStr)
    }

    rows, errr := db.Query(sqlStr)
    if errr != nil {
        public.Log(errr)
        return ""
    }
    //defer db.Close()   .Scan(&id)
    i := 0
    defer rows.Close()
    //defer db.Close()
    columns, _ := rows.Columns()
    count := len(columns)
    values := make([]interface{}, count)
    valuePtrs := make([]interface{}, count)

    for i, _ := range columns {
        valuePtrs[i] = &values[i]
```

```go
    }

    for rows.Next() {
        //public.Log("has row")
        i++
        err := rows.Scan(valuePtrs...)
        if err != nil {
            log.Fatal(err)
            public.Log("not Single result")
            return ""
        }
        //public.Log("333")
        for i, _ := range columns {
            v := values[i]
            if v == nil {
                id = ""
            } else {

                switch v.(type) {
                default:
                    id = fmt.Sprintf("%s", v)
                case bool:
                    id = fmt.Sprintf("%s", v) //v
                case int:
                    id = fmt.Sprintf("%d", v)
                case int64:
                    id = fmt.Sprintf("%d", v)
                case int32:
                    id = fmt.Sprintf("%d", v)
                case float64:
                    id = fmt.Sprintf("%1.2f", v)
                case float32:
                    id = fmt.Sprintf("%1.2f", v)
                case string:
                    id = fmt.Sprintf("%s", v)
                case []byte: // -- all cases go HERE!
                    id = string(v.([]byte))
                case time.Time:
                    id = fmt.Sprintf("%s", v)
                }

            }

        }
    }
```

```go
    if i == 0 {
        //public.Log("has no row")
        return ""
    }

    //public.Log(id)
    return id
}


// 获取第一行第一列的数据
func GetSingleJsonInDb(db *sql.DB, sqlStr string) string {
    rows, err := db.Query(sqlStr)
    if logsql {
        public.Log("sqlStr=" + sqlStr)
    }
    if err != nil {
        public.Log(err.Error())
        return ""
    }
    defer rows.Close()

    columns, _ := rows.Columns()
    count := len(columns)

    if count == 0 {
        return ""
    }
    values := make([]interface{}, count)
    valuePtrs := make([]interface{}, count)

    final_result := make([]map[string]string, 0)

    result_id := 0
    for i, _ := range columns {
        valuePtrs[i] = &values[i]
    }

    for rows.Next() {

        rows.Scan(valuePtrs...)
        m := make(map[string]string)
        for i, col := range columns {

            v := values[i]
            key := strings.ToLower(col)
```

```go
                if v == nil {
                    m[key] = ""
                } else {
                    switch v.(type) {
                    default:
                        m[key] = fmt.Sprintf("%s", v)
                    case bool:
                        m[key] = fmt.Sprintf("%s", v)
                    case int:
                        m[key] = fmt.Sprintf("%d", v)
                    case int64:
                        m[key] = fmt.Sprintf("%d", v)
                    case float64:
                        m[key] = fmt.Sprintf("%1.2f", v)
                    case float32:
                        m[key] = fmt.Sprintf("%1.2f", v)
                    case string:
                        m[key] = fmt.Sprintf("%s", v)
                    case []byte: // -- all cases go HERE!
                        m[key] = string(v.([]byte))
                    case time.Time:
                        m[key] = fmt.Sprintf("%s", v)
                    }
                }
            }
        final_result = append(final_result, m)
        result_id++
    }

    jsonData, err := json.Marshal(final_result)
    if err != nil {
        return ""
    }
    return string(jsonData)
}

// 执行sql，插入、更新、删除
func ExecuteUpdate(sqlStr string) int {

    return ExecuteUpdateInDb(Getdb(), sqlStr)

}

// 执行sql，插入、更新、删除
func ExecuteUpdateInDb(db *sql.DB, sqlStr string) int {
```

```go
if strings.Contains(strings.ToLower(sqlStr), "insert") {
    sqlStr = strings.Replace(sqlStr, "'00:00:00'", "null", -1)

    if Dbtype == "pgsql" {
        rowId := 0
        sqlStr += " RETURNING id "

        err := db.QueryRow(sqlStr).Scan(&rowId)
        if err != nil {
            public.Log("exec sql failed:", err.Error()+" "+sqlStr)
            return 0
        }
        public.Log("lastInsertId=")
        public.Log(rowId)
        return rowId

    } else {
        res, err := db.Exec(sqlStr)
        if err != nil {
            public.Log("exec sql failed:", err.Error()+" "+sqlStr)
            return 0
        } else {
            //public.Log("exec Update sql success")
        }

        rowId, err := res.LastInsertId()
        if err != nil {
            public.Log("fetch last insert id failed:", err.Error())
            return 0
        }

        str := strconv.FormatInt(rowId, 10)
        ret, _ := strconv.Atoi(str)
        return ret
    }

} else {
    res, err := db.Exec(sqlStr)
    if err != nil {
        public.Log("exec sql failed:", err.Error()+" "+sqlStr)
        return 0
    }
    rowId, err := res.RowsAffected()
    if err != nil {
```

```
            public.Log("fetch RowsAffected failed:", err.Error())
            return 0
        }
        str := strconv.FormatInt(rowId, 10)
        ret, _ := strconv.Atoi(str)
        return ret
    }
}


// 查询返回map
func ExecuteQuery(sqlStr string) map[int]map[string]string {

    return ExecuteQueryInDb(Getdb(), sqlStr)
}


// 查询数据, 返回json字符串
func ExecuteQueryJson(sqlStr string) string {

    str := ExecuteQueryJsonInDb(Getdb(), sqlStr)
    if len(str) == 0 {
        return "[]"
    }
    return str
}
func GetRows(sqlStr string) *sql.Rows {
    db := Getdb()
    if db == nil {
        return nil
    }
    rows, err := db.Query(sqlStr)
    if logsql {
        public.Log("sqlStr=" + sqlStr)
    }
    if err != nil {
        public.Log(err.Error())
        return nil
    }

    return rows

}


// 查询数据
func ExecuteQueryInDb(db *sql.DB, sqlStr string) map[int]map[string]string {
```

```go
rows, err := db.Query(sqlStr)
if logsql {
    public.Log("sqlStr=" + sqlStr)
}
if err != nil {
    public.Log(err.Error())
    return nil
}
defer rows.Close()

columns, _ := rows.Columns()
count := len(columns)

if count == 0 {
    return nil
}
values := make([]interface{}, count)
valuePtrs := make([]interface{}, count)

final_result := make(map[int]map[string]string)
result_id := 0
for i, _ := range columns {
    valuePtrs[i] = &values[i]
}

for rows.Next() {

    rows.Scan(valuePtrs...)
    m := make(map[string]string)
    for i, col := range columns {

        v := values[i]

        key := strings.ToLower(col)
        if v == nil {
            m[key] = ""
        } else {

            switch v.(type) {
            default:
                m[key] = fmt.Sprintf("%s", v)
            case bool:

                m[key] = fmt.Sprintf("%s", v)
            case int:
```

```go
                m[key] = fmt.Sprintf("%d", v)
            case int64:

                m[key] = fmt.Sprintf("%d", v)
            case float64:

                m[key] = fmt.Sprintf("%1.2f", v)
            case float32:

                m[key] = fmt.Sprintf("%1.2f", v)
            case string:

                m[key] = fmt.Sprintf("%s", v)
            case []byte: // -- all cases go HERE!

                m[key] = string(v.([]byte))
            case time.Time:
                m[key] = fmt.Sprintf("%s", v)
            }
        }
    }
    final_result[result_id] = m
    result_id++
    }


    return final_result
}


// 查询数据
func ExecuteQueryJsonInDb(db *sql.DB, sqlStr string) string {

    rows, err := db.Query(sqlStr)
    if logsql {
        public.Log("sqlStr=" + sqlStr)
    }
    if err != nil {
        public.Log(err.Error())
        return ""
    }
    defer rows.Close()

    columns, _ := rows.Columns()
    count := len(columns)
```

```go
if count == 0 {
    return ""
}
values := make([]interface{}, count)
valuePtrs := make([]interface{}, count)

final_result := make([]map[string]string, 0)

result_id := 0
for i, _ := range columns {
    valuePtrs[i] = &values[i]
}

for rows.Next() {

    rows.Scan(valuePtrs...)
    m := make(map[string]string)
    for i, col := range columns {
        v := values[i]
        key := strings.ToLower(col)
        if v == nil {
            m[key] = ""
        } else {
            switch v.(type) {
            default:
                m[key] = fmt.Sprintf("%s", v)
            case bool:
                m[key] = fmt.Sprintf("%s", v)
            case int:
                m[key] = fmt.Sprintf("%d", v)
            case int64:
                m[key] = fmt.Sprintf("%d", v)
            case float64:
                m[key] = fmt.Sprintf("%1.2f", v)
            case float32:
                m[key] = fmt.Sprintf("%1.2f", v)
            case string:
                m[key] = fmt.Sprintf("%s", v)
            case []byte:
                m[key] = string(v.([]byte))
            case time.Time:
                m[key] = fmt.Sprintf("%s", v)
            }
        }
    }
```

```go
        final_result = append(final_result, m)
        result_id++
    }
    jsonData, err := json.Marshal(final_result)
    if err != nil {
        return ""
    }
    return string(jsonData)
}


func GetColumnName(sqlStr string) []string {
    return GetColumnNameInDb(Getdb(), sqlStr)
}


func GetColumnNameInDb(db *sql.DB, sqlStr string) []string {

    rows, err := db.Query(sqlStr)

    if logsql {
        public.Log("sqlStr=" + sqlStr)
    }
    if err != nil {
        CheckErr(err)
        return nil
    }
    defer rows.Close()
    columns, _ := rows.Columns()

    names := make([]string, len(columns))
    for _, col := range columns {
        names = append(names, col)
    }
    return names
}


func GetColumnValueList(sqlStr string) []string {

    return GetColumnValueListInDb(Getdb(), sqlStr)

}
func GetColumnValueListInDb(db *sql.DB, sqlStr string) []string {

    rows, err := db.Query(sqlStr)

    if logsql {
```

```
        public.Log("sqlStr=" + sqlStr)
    }
    if err != nil {
        CheckErr(err)
        return nil
    }
    defer rows.Close()
    columns, _ := rows.Columns()
    count := len(columns)
    values := make([]interface{}, count)
    valuePtrs := make([]interface{}, count)

    for i, _ := range columns {
        valuePtrs[i] = &values[i]
    }
    names := make([]string, count)
    for rows.Next() {
        rows.Scan(valuePtrs...)

        var v interface{}
        val := values[0]
        b, err := val.([]byte)
        if err {
            v = string(b)
        } else {
            v = val
        }
        names = append(names, fmt.Sprintf("%s", v))
    }
    return names
}
func CheckErr(err error) {
    if err != nil {
        public.Log(err)
    }
}
```

2.2.2　数据层

```
package dal

import (
    "strconv"
```

```go
    "../public"
)

// 产品的数据mode
type ProductModel struct {
    Id          string
    UserId      string
    CategoryId  string
    ProductName string
    Price       string
    Remark      string
    AddTime     string
}

// 添加商品
func AddProduct(m *ProductModel) int {
    m.Id = public.ReplaceStr(m.Id)
    m.UserId = public.ReplaceStr(m.UserId)
    m.CategoryId = public.ReplaceStr(m.CategoryId)
    m.ProductName = public.ReplaceStr(m.ProductName)
    m.Price = public.ReplaceStr(m.Price)
    m.Remark = public.ReplaceStr(m.Remark)
    m.AddTime = public.ReplaceStr(m.AddTime)

    sql:= "INSERT   INTO   Product (id,UserId,CategoryId,ProductName,Price,Remark,
        AddTime)   VALUES "
    sql += "('" + public.GetUUIDS() + "','" + m.UserId + "','" + m.CategoryId + "','" +
        m.ProductName + "','" + m.Price + "','" + m.Remark + "','" + m.AddTime + "')"
    return ExecuteUpdate(sql)
}

// 更新商品
func UpdateProduct(m *ProductModel) int {
    m.Id = public.ReplaceStr(m.Id)
    m.UserId = public.ReplaceStr(m.UserId)
    m.CategoryId = public.ReplaceStr(m.CategoryId)
    m.ProductName = public.ReplaceStr(m.ProductName)
    m.Price = public.ReplaceStr(m.Price)
    m.Remark = public.ReplaceStr(m.Remark)
    m.AddTime = public.ReplaceStr(m.AddTime)
    public.Log("UpdateProduct" + m.Id)
    sql := "UPDATE Product SET    CategoryId = '" + m.CategoryId + "' , ProductName
        = '" + m.ProductName + "' , Price = '" + m.Price + "' , Remark = '" +
        m.Remark + "'  where id= " + m.Id + ""
```

```go
    return ExecuteUpdate(sql)
}


// 删除
func DelProduct(id string) int {
    id = public.ReplaceStr(id)
    sql := "delete from  Product  where id= '" + id + "'"

    return ExecuteUpdate(sql)
}


// 根据 id 获取商品
func GetProductIdByName(ProductName string) string {
    ProductName = public.ReplaceStr(ProductName)
    return GetSingle("SELECT id  FROM Product where ProductName='" + ProductName + "'")
}


// 判断商品是否存在
func ExistsProductName(ProductName string) bool {
    ProductName = public.ReplaceStr(ProductName)
    ret := GetSingle("SELECT ProductName FROM Product where 1=1 and  ProductName='"
            + ProductName + "'")
    if ret == "" {
        return false
    }
    return true
}


// 获取最大的 ID
func GetProductMaxId() string {
    return GetSingle("SELECT max(id)  FROM Product ")
}


// 获取商品总数
func GetProductTotal(wheresql string) string {
    sql := "SELECT count(id) as num  FROM  Product where  1=1   "
    if wheresql != "" {
        sql += wheresql
    }
    return GetSingle(sql)
}


// 根据 id 获取商品 json
func GetProductById(Id string) string {
    Id = public.ReplaceStr(Id)
```

```go
    sql := "SELECT *  FROM Product a where Id= " + Id
    MapList := ExecuteQuery(sql)
    str := "{\"data\":[" + public.GetJsonStrByMap(MapList) + "]}"
    return str
}


// 获取商品列表
func GetProductList(pageid string, pagesize string, userid string, ProductName
string) string {
    pageid = public.ReplaceStr(pageid)
    ipagesize, errr := strconv.Atoi(pagesize)
    if errr != nil {
        public.Log(errr)
        ipagesize = 50
        pagesize = "50"
    }
    p, _ := strconv.Atoi(pageid)
    var from int = (p - 1) * ipagesize
    fromStr := strconv.Itoa(from)
    ProductName = public.ReplaceStr(ProductName)
    sql := "SELECT *  FROM Product   where 1=1   "
    wheresql := ""
    if userid != "" {
        userid = public.ReplaceStr(userid)
        wheresql += " and userid = '" + userid + "'"
    }
    if ProductName != "" {
        ProductName = public.ReplaceStr(ProductName)
        wheresql += " and ProductName like '%" + ProductName + "%'"
    }
    sql += wheresql
    sql += "  order by id desc   limit " + pagesize + " OFFSET " + fromStr
    jsonString := ExecuteQueryJson(sql)
    total := GetProductTotal(wheresql)
    str := "{\"code\":0,\"total\":\"" + total + "\",\"curpage\":\"" + pageid +
"\",\"pagesize\":\"" + pagesize + "\",\"data\":" + jsonString + "}"
    return str
}
```

2.2.3 逻辑业务层

逻辑业务处理 http 请求后传递给数据层，代码如下：

```go
package HttpBusiness
```

```go
import (
    "net/http"

    "os"
    "os/exec"
    "runtime"
    "strings"

    "../dal"
    "../grace"
    "../public"
    "github.com/gorilla/mux"
    //"../dal"
)

var localip = ""
var ConfigServerName = ""
var ConfigLocalServerName = ""
var oldHost = ""
var ch = make(chan int)

// 启动一个 http server
func StartHttpServer() {

    CopyFileToRunningPath()

    PthSep := string(os.PathSeparator)
    if PthSep == "\\" {
        go open("http://127.0.0.1:8090/html/index.html")
    }

    dal.InitDB()
    myHandler := mux.NewRouter()

    myHandler.HandleFunc("/api/addproduct", AddProductTask)
    myHandler.HandleFunc("/api/getlist", GetProductListTask)
    myHandler.HandleFunc("/api/delete", DeleteTask)
    s := http.StripPrefix("/html/", http.FileServer(http.Dir("./html/")))
    myHandler.PathPrefix("/html/").Handler(s)

    public.Log("start http server")
    errr := grace.ListenAndServe(":8090", Middleware(myHandler))
    if errr != nil {
        public.Log("ListenAndServe  error: %v"+public.GetCurDateTime(), errr)
```

```go
        //panic("http server stop exit at" + public.GetCurDateTime())
    } else {
        public.Log("ListenAndServe success")
    }

}

//http 请求的中间件，跨域处理
func Middleware(h http.Handler) http.Handler {
    return http.HandlerFunc(func(w http.ResponseWriter, r *http.Request) {

        w.Header().Set("Access-Control-Allow-Origin", "*")
        w.Header().Set("Access-Control-Allow-Methods", "POST, GET, OPTIONS, PUT, DELETE")
        w.Header().Set("Access-Control-Allow-Headers","Origin,Authorization,Origin,
          X-Requested-With, Content-Type, Accept,common")

        h.ServeHTTP(w, r)

        if r.Method == "OPTIONS" {
            return
        }
    })
}

// open opens the specified URL in the default browser of the user.
func open(url string) error {
    var cmd string
    var args []string

    switch runtime.GOOS {
    case "windows":
        cmd = "cmd"
        args = []string{"/c", "start"}
    case "darwin":
        cmd = "open"
    default: // "linux", "freebsd", "openbsd", "netbsd"
        cmd = "xdg-open"
    }
    args = append(args, url)
    return exec.Command(cmd, args...).Start()
}

// 添加产品
func AddProductTask(w http.ResponseWriter, r *http.Request) {
    public.Log("AddProductTask")
```

```go
        Id := r.FormValue("id")
        UserId := r.FormValue("userid")
        CategoryId := r.FormValue("categoryid")
        ProductName := r.FormValue("productname")
        Price := r.FormValue("price")
        Remark := r.FormValue("remark")
        AddTime := public.GetCurDateTime()
        mode := r.FormValue("mode")
        m := &dal.ProductModel{
            Id,
            UserId,
            CategoryId,
            ProductName,
            Price,
            Remark,
            AddTime,
        }
        public.Log("mode=" + mode)
        if mode == "add" {
            if dal.ExistsProductName(ProductName) {
                writeJsonValue(w, "1", "exists", "")
            } else if dal.AddProduct(m) > 0 {
                writeJsonValue(w, "0", "success", "")
            } else {
                writeJsonValue(w, "1", "fail", "")
            }
        } else {
            if dal.UpdateProduct(m) > 0 {
                writeJsonValue(w, "0", "success", "")
            } else {
                writeJsonValue(w, "1", "fail", "")
            }
        }

}

func writeJsonValue(w http.ResponseWriter, code, message, data string) {
    //w.Header().Set("Access-Control-Allow-Origin", "*")
    if strings.Contains(data, "{") {
        w.Write([]byte(data))
    } else {
        if data == "" {
            data = "[]"
        }
```

```
        ret := "{\"code\":" + code + ",\"message\":\"" + message + "\",\"data\":" + data + "}"

        w.Write([]byte(ret))
    }

}

// 删除
func DeleteTask(w http.ResponseWriter, r *http.Request) {

    id := r.FormValue("id")
    ret := dal.DelProduct(id)
    if ret > 0 {
        writeJsonValue(w, "0", "success", "")
    } else {
        writeJsonValue(w, "1", "fail", "")
    }

}

// 获取产品列表
func GetProductListTask(w http.ResponseWriter, r *http.Request) {

    pageid := r.FormValue("pageid")
    pagesize := r.FormValue("pagesize")
    userid := r.FormValue("userid")
    productname := r.FormValue("productname")
    str := dal.GetProductList(pageid, pagesize, userid, productname)
    writeJsonValue(w, "0", "success", str)

}

// 把文件复制到运行环境方便测试调试
func CopyFileToRunningPath() {
    curpath := public.GetCurDir()
    public.Log("curpath=" + curpath)
    PthSep := string(os.PathSeparator)
    curdir := public.GetCurRunPath()
    public.Log("curdir=" + curdir)
    if PthSep == "\\" {
        //windows
        public.Log("copy cer ")

        datapath := curpath + PthSep + "db"
        htmlpath := curpath + PthSep + "html"
```

```
            public.CreatePath(datapath)
            public.CreatePath(htmlpath)

        // 实际调试过程中改成自己的文件路径
public.CopyFiles("D:\\mybook\\bookSource\\ProductManage\\html", curpath+"\\html")
            public.CopyFile("D:\\mybook\\bookSource\\ProductManage\\db\\db.sqlite",
            datapath+"\\db.sqlite")

        } else {
            // 其他操作系统
        }

}
```

2.3 前端数据请求和展示

```
<!DOCTYPE html>
<html>
<head>
  <meta charset="UTF-8">
<title>Product</title>
  <link rel="stylesheet" href="css/elment-ui.css">
  <style>
    * {
        margin: 0;
        padding:0;
    }
    body {
        font-family: "Microsoft Yahei";
    }
    #app {
        padding: 20px;
    }
    .el-pagination {
        text-align: right;
        padding: 20px 0;
    }
    .mark .el-form-item__content {
        width: 835px;
    }
    .mark2 .el-form-item__content {
```

```
            width: 835px;
        }
    .mark .el-textarea__inner {
        font-family: "Microsoft Yahei";
    }
    .el-dialog__body {
        font-size:12px !important;
        padding: 0 20px;
    }
    .el-textarea__inner {
        font-size:12px !important;
    }
    .el-dialog .el-input__inner {
        height: 35px;
        line-height: 35px;
    }
    .el-dialog__footer {
        padding: 0 20px 10px 20px;
    }
    .el-dialog__header {
        padding: 10px 20px;
    }
    .el-dialog .el-form--inline .small-input .el-form-item__content{
        width: 120px;
    }
  </style>
</head>
<body>
    <div id="app">
        <div class="searp-wrap">
            <el-form inline>
                <el-form-item>
                <el-button id="addbutton" type="primary" icon="el-icon-plus" @
click="add()">新增</el-button>
                </el-form-item>
                <el-form-item label="品名">
                    <el-input placeholder="品名" v-model="form.productname"></el-input>
                </el-form-item>
                <el-form-item>
                <el-button type="primary" icon="el-icon-search" @click="searchList()">
查询</el-button>
                </el-form-item>
            </el-form>
        </div>
        <div class="table">
```

```
        <!-- 指定数据源为tableData tableData在data()里面定义，所有用到的数据都需要在data()里
面定义 -->
            <el-table :data="tableData" stripe border
                highlight-current-row
                @row click="rowClick">

            <el-table-column label=" 品名 " prop="productname"  ></el-table-column>
            <el-table-column label=" 价格 " prop="price"    ></el-table-column>
            <el-table-column label=" 备注 " prop="remark"   ></el-table-column>
            <el-table-column label=" 时间 " prop="addtime"   ></el-table-column>
            <el-table-column label=" 操作 "  >
```

"<!--slot-scope="scope""来取得作用域插槽，即 data 绑定的数据，scope 可以随便替换为其他名称，只是定义对象来代表取得的 data 数据，便于使用"-->"，代码如下：

```
                    <template slot-scope="scope">

                        <el-button  type="warning" icon="el-icon-delete" size="mini"
                            @click="del(scope.$index, scope.row)"></el-button>
                    <el-button  type="primary" icon="el-icon-edit" size="mini" @
                    click="edit(scope.$index, scope.row)"></el-button>

                </template>
                </el-table-column>
            </el-table>
    <!-- 分页组件 -->
        <div class="pagination-wrap">
            <el-pagination
                @size-change="handleSizeChange"
                @current-change="handleCurrentChange"
                :current-page="curpage"
                :page-sizes="[50,100,200]"
                :page-size="pagesize"
                layout="total, sizes, prev, pager, next, jumper"
                :total="total">
            </el-pagination>
        </div>
    <!-- 数据输入弹出框 -->
        <el-dialog :title="formTitle" :visible.sync="visible" width="900px">
            <el-form :model="form" inline label-width="70px" ref="form" :rules="rules">
                <el-form-item label=" 分类 " prop="categoryid" class="small-input">
                    <el-select v-model="form.categoryid" filterable placeholder=" 请选择分类 ">
                        <el-option label="a" value="a"></el-option>
                        <el-option label="b" value="b"></el-option>
                </el-select>
```

```
                </el-form-item>
                <el-form-item label="品名" prop="productname" class="mark">
                    <el-input v-model="form.productname"></el-input>
                </el-form-item>

            <el-form-item label="价格" prop="price" class="mark">
                    <el-input v-model="form.price"></el-input>
                </el-form-item>

            <el-form-item label="备注" prop="remark" class="mark">
                    <el-input v-model="form.remark"></el-input>
                </el-form-item>
            </el-form>
            <div slot="footer" class="dialog-footer">
                <el-button @click="visible = false" size="mini">取消</el-button>
                <el-button @click="submit('form')" type="primary" size="mini">确定</el-button>
            </div>
        </el-dialog>
        </div>
    </div>
</body>
<script type="text/javascript" src="js/public.js"></script> <script type="text/
javascript" src="js/utily.js"></script>
    <script src="js/vue.min.js"></script>
    <script src="js/elment_ui.js"></script>
    <script src="js/axios.js"></script>
    <script src="js/Qs.js"></script>
  <script>
if (localStorage.getItem('role')=="2")
{
    document.getElementById("addbutton").style.display="none";
}
    new Vue({
        el: '#app',
        data() {
            return {

                visible: false,
                isAdd: true,
                pagesize:10,
                total:20,
                userid:localStorage.getItem('userid'),
                role:localStorage.getItem('role'),
                curpage: 1,
            // 定义数据列表，用于存储产品列表数据
```

```
                tableData: [],
        // 新增产品的数据
            form: {
                id:'',
                table: 'product',
                userid: "1",
                categoryid: '',
                productname: '',
                price: '',
        remark:'',
            mode:"add",
            },
            rules: {
                categoryid: [{ required: true, message: '请输入分类', trigger: 'change' }],
                price: [ { required: true, message: '请输入价格', trigger: 'blur' } ],
                productname: [ { required: true, message: '请输入品名', trigger: 'blur' } ],
            },
            formTitle: '商品管理'
        }
    },
// 页面创建时调用的函数
  created() {
if (localStorage.getItem('role')=="1")
    {
    this.showhistory=true;
    }
    console.log(axios)
    axios.defaults.headers.common['Authorization'] = localStorage.getItem('token');
    this.getList( { pageid: "1",pagesize: "50", userid: this.userid,role: this.
    role, table: 'product' } );

  },
// 定义方法
  methods: {
    rowClick(row) {
        console.log(row)
    },
    handleSizeChange (val){

        var params ={};

    params.userid = this.userid;
        params.role = this.role ;
    params.table = 'product';
        params.pagesize = val;
```

```
        params.pageid= this.curpage;
        console.log(params);
        this.getList(params);
},
handleCurrentChange (val) {
    this.curpage=val;
    var params ={};
params.pageid= val;
params.userid =  this.userid;
    params.role = this.role ;
params.table = 'product';
    params.pagesize = this.pagesize;
console.log(params);
this.getList(params);
},
currentPage(val) {
    var params ={};
params.pageid= val;
params.userid = this.userid ;
    params.role = this.role ;
params.table = 'product';
    params.pagesize = this.pagesize;

    console.log(params);
    this.getList(params);
},
del(idx,row) {

    this.$confirm( '你确认要删除？', '提示', {
        confirmButtonText: '确定',
        cancelButtonText: '取消',
        type: 'warning'
    }).then(() => {

        axios.get( '//'+window.location.host+'/api/delete',{
          params:{
            table: 'product',
            id: row.id
          }
        }).then( (res)=> {
            console.log(res);
    if(res.data.code=0){
        this.$message({
                    type:'success',
                    message:'删除成功 '
```

```
                    })
                    this.getList( { pageid: this.curpage, pagesize:"50",userid:
                    this.userid, role: this.role, table: 'product' } );
            }else{
    // alert(res.data);
    }
        }).catch( function(err){
          console.log(err);
        });
    }).catch(() => {
        console.log('取消')
    });
},

edit(idx,row) {
    this.isAdd = false;
    this.visible = true;
    this.formTitle = "修改";
    this.form = {
mode:"edit",
        table: 'product',
id:row.id,
        userid: this.userid,
        categoryid: row.categoryid,
        productname: row.productname,
        price:row.price,
remark:row.remark,
    }

},
add() {
    this.isAdd = true;
    this.visible = true;
    this.formTitle = "新增";
    this.form = {
mode:"add",
        table: 'product',
        userid: this.userid,
        categoryid: '',
        productname: '',
        price:'',
remark:'',
    }
},
submit(formName) {
```

```
this.$refs[formName].validate((valid) => {
    if (valid) {

        this.$confirm( '是否确认操作? ', '提示', {
            confirmButtonText: '确定',
            cancelButtonText: '取消',
            type: 'warning'
    }).then(() => {
        axios.post('//'+window.location.host+'/api/addproduct',Qs.
            stringify(this.form) ).then( (res)=> {
    alert(res.data.code)

            if(res.data.code==0) {
          if (res.data.message=="success")
              {
    this.visible = false;
                    this.$message({
                    type:'success',
                    message:'success'
                    })
                    this.getList( { pageid: "1",pagesize: "50", userid:
                    this.userid,role: this.role, table: 'product' } );
              }
              else if (res.data=="exists")
              {
                    this.$message({
                    type:'fail',
                    message:'数据已经存在'
                    })
              }
              else
              {
                    this.$message({
                        type:'fail',
                        message:res.data
                    })
              }
          }else {

              }
    }).catch((err)=> {});
}).catch(() => {
    console.log('取消')
});
```

```
                } else {
                    console.log('error submit!!');
                    return false;
                }
            });

        },
        getList(obj) {
            axios.get( '//'+window.location.host+'/api/getlist',{
                params:obj
            }).then( (res)=> {
                if(res.data.code==0) {
                    if (res.data.message=="token error")
                    {
                        //window.location.href="login.html"
                    }else{
                        this.tableData = res.data.data;
                    this.pagesize=res.data.pagesize;
                    this.total=res.data.total;
                    this.curpage=res.data.curpage;
                    }
                }
            }).catch( function(err){

                console.log(err);
            });
        },

        //查询
        searchList() {
            this.getList( {productname: this.form.productname, pageid: "1",pagesize:
            "50", userid: this.userid,role: this.role, table: 'product' } );
        },
    goback() {
      window.location.href = '#';
      },


    }
  })
 </script>
</html>

</html>
```

第3章 中台战略和微服务

随着企业业务的发展，系统变得越加复杂，已经影响到了企业的发展速度，这就需要中台和微服务了。而系统越复杂，微服务带来的收益就越大。

3.1 中　台

在传统的"前台—后台"架构中，各个项目相对独立，许多项目都在重复发明同样的轮子，既让项目本身越来越臃肿，也让开发效率越来越低。这时候为了提高开发效率，我们有必要整合出一个中间组织，为所有的项目提供一些公共资源。而这个中间组织，就是人们所说的"中台"。

中台大概可以划分为业务中台、数据中台、算法中台、技术中台、研发中台、组织中台和字典中台，其中数据中台通过 API 的方式提供数据服务，而不是直接把数据库给前台。业务中台包括支付中心、商品中心、营销中心、搜索中心、用户中心和交易中心；数据中台包括数据建模、日志数据和用户图像；算法中台包括语音识别、图像识别、搜索算法、推荐算法、人机对话和垃圾过滤。

中台的本质是共性服务与资源的有效复用，概括为四个字——服务复用。在集团（公司）内部，找到共性业务或需求，最好是有较多的内部共性业务和需求。新的业务类型和之前的业务相似度很大时，就需要考虑通过中台的方式来支撑了。

3.2 单体应用

传统的单体应用如图 3-1 所示。

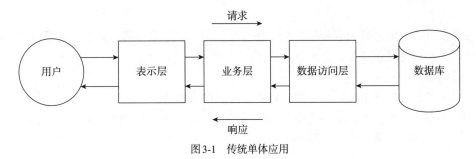

图3-1 传统单体应用

传统的单体应用缺点如下。

（1）复杂性高

整个项目包含的模块非常多，模块的边界模糊，依赖关系不清晰，代码质量参差不齐，整个项目非常复杂。每次需要修改代码时都要非常小心，有时仅添加一个简单的功能或修改一个BUG都可能会造成隐含的缺陷。

（2）技术债务逐渐上升

随着时间推移、需求变更和人员更迭，会逐渐形成应用程序的技术债务，并且越积越多。已使用的系统设计或代码难以修改，因为应用程序的其他模块可能会以意料之外的方式使用它。

（3）部署速度逐渐变慢、频率低

随着代码的增加，构建和部署的时间也会增加。而在单体应用中，每次功能的变更或缺陷的修复都会导致需要重新部署整个应用。全部部署的方式耗时长、影响范围大、风险高，这使单体应用项目上线部署的频率较低，从而又导致两次发布之间会有大量功能变更和缺陷修复，出错概率较高。

（4）扩展能力受限，无法按需伸缩

单体应用只能作为一个整体进行扩展，无法结合业务模块的特点进行伸缩。

（5）阻碍技术创新

单体应用往往使用统一的技术平台或方案解决所有问题，团队的每个成员都必须使用相同的开发语言和架构，想要引入新的框架或技术平台非常困难。

随着项目发展和复杂增加，为了提高效率，就需要将项目使用微服务进行拆分。

3.3 微服务

微服务 Microservices 之父——马丁·福勒，对微服务的概述如下。

微服务就是将单体应用（所有功能被糅在一起的应用）拆分成 N 个小型的应用（服务），每个应用只完成很小的一部分服务。拆分的粒度没有硬性标准，一般按照业务边界进行拆分，如订单服务和用户服务这样的垂直拆分。

（1）小服务

小服务没有特定的标准或者规范，但它在总体规范上一定是小的。业务上的高内聚，减少依赖（从设计上要避免服务过大或者太小）。

（2）进程独立

每一组服务都是独立运行的，可以通过单独部署的进程方式，不断地横向扩展整个服务。支持服务注册和服务发现，每运行一个进程都需要手动或者自动注册到 ETCD 或者 Consul 数据库，客户端可以动态地感知服务的存在和删除。

（3）通信

对外是标准的 REST 风格接口（基于 HTTP 和 JSON 格式）内部通信用 RPC 代替传统的本地函数调用，传统简单的几个 API 不算微服务，微服务必须要有服务注册和服务发现还有内部的 RPC 通信调用。

（4）部署

不止业务要独立，部署也要独立。独立部署可避免共享数据库（避免因为数据库而影响整个分布式系统），不同的业务使用不同的库。

（5）管理

传统的企业级 SOA 服务往往很大，不易于管理；因其耦合性高，团队开发的成本比较大。微服务可以让团队各思其政地选择技术实现，不同的 service 可以根据各自的需要选择不同的技术栈来实现其业务逻辑。

微服务架构将单体应用按照业务领域拆分为多个高内聚低耦合的小型服务，每个小服务运行在独立进程中，由不同的团队开发和维护，服务间采用轻量级通信机制，如 HTTP RESTful API；或者 RPC 独立自动部署，可以采用不同的语言及存储。

微服务体现为去中心化和天然分布式，是中台战略落地到 IT 系统的具体实现方式的技术架构，用来解决企业业务快速发展与创新时面临的系统弹性可扩展、敏捷迭代和技术驱动业务创新等难题。

在 RESTful 架构中，可以通过 GET POST /api/xx 获取数据，然后对数据进行解码（json、xml）等处理后再返回给用户。在微服务中，同样也可以通过 RESTful api 进行数据调用，但是 http 要传递无用元数据太多（header 等），还有就是 http 协议本身比较慢。另外一个原因就是 XML 和 Json 的编码解码速度效率不算高，编码后的字节较大。这时就要走 tcp/udp 协议了，所以有了 RPC 框架，比如 dubbo 和 grpc，RPC 框架可以让你在 A 服务器中调用 B 服务器上中的函数接口，这中间因为有了网络，所以没有单体应用中本地函数调用的效率高，但是当业务上规模后，这点损耗可以忽略，比如订单查询需求非常大，那么可以部署 50 个 order 服务来提供查询，可以进行负载均衡和弹性扩展等，这个时候微服务的效果就出来了。

中台和微服务有什么关系？简单地说，中台架构就是企业级能力的复用，也是一个种方法论——企业治理思想。微服务是可独立开发、维护和部署的小型业务单元，是一种技术架构方式。

可见，中台并不是微服务，中台是一种企业治理思想和方法论，微服务是技术架构方式。中台是公司 CEO 和 COO 管理层要考虑的，微服务是技术架构师要考虑的。

中台化的落地，需要使用微服务架构。中台强调核心基础能力的建设，基础能力以原子服务的形式来建设，并通过将原子服务产品化，支撑业务端各种场景的快速迭代和创新；原子服务和微服务所倡导的服务自闭环思想不谋而合，使微服务成为实现原子服务的合适架构。

支撑业务场景的应用也是通过微服务来实现的，其生命周期随业务变化需要非常灵活的调整，这也和微服务强调的快速迭代高度一致，所以业务应用服务也适合通过微服务来实现。中台化系统建设不是一蹴而就的，需要长期动态地演进，加上其技术体系已经在互联网领域被证明且相当成熟，其在企业落地、执行的土壤已经完备。

微服务和 API 是不同的东西，就像微服务和容器也不是同一种东西一样。不过，这两个概念以两种不同的方式协同工作：首先，微服务可以作为部署内部、合作或公共 API 后端的一种方法；其次，微服务通常依赖 API 作为与语言无关的通信手段，以便在内部网络中相互通信。开发团队可以使用相似的方法和工具来创建公开 API 和微服务 API。

3.4 微服务现状分析

最近几年，微服务大行其道。在业务模型不完善、超大规模流量冲击的情况下，许多企业纷纷抛弃了传统的单体架构，拥抱微服务。这种模式具备独立开发、独立部署、可扩展性和可重用性优点的同时，也带来了问题：开发、运维的复杂性提高。有人感觉微服务越做越不方便管理。然而，随着 Docker 容器技术和自动化运维等相关技术的发展，微服务变得更容易管理了。因此，未来微服务的发展只会越来越完善，成为将来大中型企业业务架构的发展方向。

容器环境下才能保障运维效率的提升。同时，微服务应用架构对外在组件的管理会变得困难，需要用容器平台去管理中间件，才能发挥更大的价值。采用微服务架构改造应用系统，不仅仅是选择开发框架本身，还要建设一套完整的体系架构。既要实现应用模块之间的解耦，还要实现统一管理。服务化体系包括开发框架以及周边配套工具链和组件，比如服务注册、服务发现、API网关、负载均衡、服务治理、配置中心、安全管理、与容器的结合和监控管理等。一整套的体系建设是微服务真正的难点所在。

3.5 为什么需要微服务

技术为业务而生，架构也为业务而生。随着业务的发展、用户量的增长和系统数量的增多，调用依赖关系也变得复杂，为了确保系统高可用、高并发的要求，系统的架构也从单体时代慢慢迁移至服务 SOA 时代，根据不同服务对系统资源的要求不同，可以更合理地配置系统资源，使系统资源利用率最大化。

为什么要采用微服务？是否选择微服务取决于设计的系统的复杂度。微服务是用来把控复杂系统的，但是随之而来的就是引入了微服务本身的复杂度。需要解决的问题包括自动化部署、监控、容错处理、最终一致性等其他分布式系统所面临的问题。即使已经有一些普遍使用的解决方案，但是仍然是有不小的成本。

可以考虑构建微服务有以下四个情况。

①多人开发一个模块/项目，提交代码频繁出现大量冲突。

②模块间严重耦合，互相依赖，每次变动需要牵扯多个团队。

③主要业务和次要业务耦合，横向扩展流程复杂。

④熔断降级全靠 if-else。

系统越复杂，微服务带来的收益越大。此外，无论是单体应用还是微服务，团队的技能都需要能够把控。

1. 关于微服务架构的取舍

在合适的项目和合适的团队中，采用微服务架构的收益大于成本。微服务架构有很多吸引人的地方，但在拥抱微服务前，也需要认清它所带来的挑战。需要避免为了"微服务"而"微服务"。

微服务架构引入策略：对传统企业而言，开始时可以考虑引入部分合适的微服务架构原则，对已有的系统进行改造或新建微服务应用，逐步探索及积累微服务架构经验，而非全盘实施微服务架构。

2. 微服务解决的问题

将复杂性高、交付效率低、伸缩性差、可靠性差以及阻碍技术创新的技术组件化、松耦合、自治和去中心化，从而达到灵活应对项目快速发展带来的一系列重复建设、资源浪费和调配困难的问题。

3. 微服务技术架构的特点

易于开发与维护：微服务相对小，易于理解；独立部署：一个微服务的修改不需要协调其他服务；伸缩性强：每个服务都可按硬件资源的需求进行独立扩容；与组织结构相匹配：微服务架构可以更好地将架构和组织相匹配，每个团队独立负责某些服务以便获得更高的生产力；技术异构性：使用最适合该服务的技术，降低尝试新技术的成本；企业环境下的特殊要求：去中心化和集中管控/治理的平衡，分布式数据库和企业闭环数据模型的平衡。

3.6　企业什么时候引进微服务

在项目初期，项目的用户量不大，业务也并不是很复杂，我们如果选择单体项目，其开发成本最低，开发效率最高；如果选择微服务架构，我们要准备很多资源，开发成本较高，开发的效率也就低了。改造成中台的需求分析如图 3-2 所示。

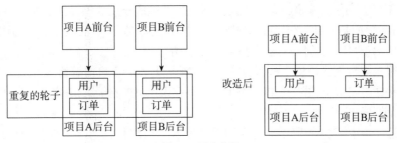

图3-2　需求分析

随着项目的更新迭代，用户群变多，往往要在旧模块上更新迭代。但如果选择单体，就要做一系列的改动，类似于康威法则（设计系统的组织，基产生的设计和架构，等价组织的组织架构）中描述的问题，容易产生冲突。如果选择了微服务架构，我们就可以很好地解决这个问题，从而提高效率。当发现继续使用单体项目开发和整改成微服务的成本几乎差不多时，就要根据项目的发展以及规模考虑是否要拆分成微服务架构。

总结一下微服务的好处：微服务提高了生产效率，但同时也带来了复杂性。所以如果可以用单体架构管理好系统，那么就无须微服务。

3.7　微服务的组织架构

组织和开发模式的对应关系：一组微服务适合一个敏捷开发团队（Scrum 团队）进行开发和维护。一个 Scrum 团队包括产品、开发和测试。每一个服务由一个独立、自治的小团队开发和维护，小团队负责人自主决定服务的技术选择和开发计划，微服务架构快速迭代的能力才能体现出来。同时，建立相应的机制来保证小团队的主动性，从而避免因为小团队责任心不足而影响整个产品发展。至于小团队的终极规模，可以参考"两个比萨原则（两个比萨原则最早是由亚马逊CEO 贝索斯提出的，他认为如果两个比萨不足以喂饱一个项目团队，那么这个团队可能就显得太大了）通常是 5 ~ 7 个人，超过 10 人则考虑进一步分散。

3.8　微服务架构的好处

微服务架构模式有很多好处。第一，通过分解巨大单体式应用为多个服务方法解决了复杂性问题。在功能不变的情况下，应用被分解为多个可管理的分支或服务。每个服务都有一个用 RPC 或者消息驱动 API 清楚定义的边界。微服务架构模式给采用单体式编码方式很难实现的功能提供了模块化的解决方案。单个服务很容易开发、理解和维护。

第二，这种架构使每个服务都可以由专门开发团队来开发。开发者可以自由地选择开发技术，然后提供 API 服务。当然，许多公司为了避免混乱只提供部分技术选择。这种自由意味着开发者不需要被迫使用某项目开始时采用的过时技术，他们可以选择当下的技术。因为服务相对简单，即使用当下的技术重写以前的代码也不是很困难的事情。

第三，微服务架构模式是每个微服务独立的部署。开发者不再需要协调其他服务部署对本服务的影响。这种改变可以加快部署速度。UI 团队可以采用 AB 测试，快速地部署变化。微服务架构模式使持续化部署成为可能。

第四，微服务架构模式使每个服务可以独立扩展。可以根据每个服务的规模来部署满足需求的规模，甚至可以使用更适用于服务资源需求的硬件。比如，可以在 EC2 Compute Optimized instances 上部署 CPU 敏感的服务，而在 EC2 memory-optimized instances 上部署内存数据库。

3.9　微服务架构的不足

微服务通过 RPC 框架在 A 服务器调用 B 服务器上的函数接口，这中间因为流通于网络，所以没有单体应用中本地函数调用效率高。

在一个复杂的项目中，服务可能被拆分成几十个小服务，假如每个服务由 5~7 个小组成员进行研发和维护，那么需要研发团队的人员就比较多。服务被拆分为几十个甚至上百个后如何进行管理呢？比如服务的伸缩、监控和部署怎么做，这时候可用谷歌的 K8S 来服务治理。学习使用 K8S 又需要一个维护团队，开销比较大。当业务上规模后，这些不足是可以被忽略的，比如订单新增查询需求非常大，那么可以部署 50 个 order 服务来提供查询，50 个新增服务可以进行负载均衡以及弹性扩展等，这时候微服务的效果就显现出来了。

3.10　中台与微服务的区别

很多时候我们也会把两个概念混用，即中台就是微服务，或者说微服务就是中台。但实际上两者本身还是有区别的。也可以看到在谈中台时用到更多业务层面用词，而谈微服务时用到更多技术层面用词。在谈中台时需要先考虑业务模块如何划分以及服务如何识别，而实现技术是微服务；而谈微服务时本身就是技术实现和架构方法，是否一定用于中台需视情况而定。

要回答两者区别的这个问题，还是要先看下中台和微服务这两个概念是针对什么来说的。

中台强调横向拆分和分层，微服务强调纵向拆分和解耦。中台的构建不一定要采用微服务，也可以采用传统 IT 架构进行构建，只要满足共性业务能力下沉要求即可。类似传统架构里的主数据系统，按现在微服务思想应该拆分为多个服务，但即使没拆分，仍然可以理解为企业中台建设思路。中台里面还包含数据中台，数据中台构建本身不能按微服务思路做。

中台构建可以用微服务，前台应用构建同样可以采用微服务。对于一些大的前台应用如果不能复用，那么也需要拆分为多个微服务进行解耦。中台强调能力开放；微服务虽然不强调共性能力开放，但是提供 API 网关工具进行能力开放。中台建设的目标更多的是下沉共性能力，识别和暴露可复用的 API 能力接口，供前台应用快速开发和组合，这才是中台构建的目的。而对于微服务来说，更多强调的是单体应用进一步的拆分和解耦，并通过轻量 API 接口高效协同，只要满足这个要求，其本身就是微服务思想的实现。

3.11　API 和微服务

那么，既然微服务是分离抽象且独立的，那么分离出来的 API 是不是微服务？单个 API 是不是微服务？当然不是，微服务是一个体系，包括服务注册与发现、服务消费、服务保护与熔断、网关、分布式调用追踪和分布式配置管理等。

第 4 章　Go 微服务实战

4.1　RPC

远程过程调用（Remote Procedure Call，RPC）是一个计算机通信协议，该协议允许运行于一台计算机的程序调用另一台计算机的子程序，而程序员无须额外为这个交互作用编程。如果涉及的软件采用面向对象编程，那么远程过程调用也可称作远程调用或远程方法调用。

微服务架构下数据交互一般是对内用 RPC，对外用 REST。将业务按功能模块拆分到各个微服务，具有提高项目协作效率、降低模块耦合度、提高系统可用性等优点，但开发门槛比较高，比如 RPC 框架的使用、后期的服务监控等工作。一般情况下，我们会在本地直接调用功能代码；而在微服务架构下，我们需要将某个功能函数作为单独的服务运行，客户端通过网络调用 RPC 构建在 TCP 或 HTTP 协议之上，底层数据编码使用 gob，因为 gob 编码被 Golang 定义，所以无法支持跨语言调用。RPC/JSON-RPC 构建在 TCP 协议之上，底层数据编码使用 Json，支持跨语言调用。

4.1.1　RPC 原理

RPC 的工作流程如图 4-1 所示。

RPC 技术在架构设计上由四部分组成：客户端（Client）、客户端存根（Client Stub）、服务端（Server）和服务端存根（Server Stub）。这里提到了客户端和服务端的概念，其属于程序设计架构的方式之一，在现代计算机软件程序架构设计上，大方向分为两种方向，分别是 B/S 架构和 C/S 架构。B/S 架构是指浏览器到服务器交互的架构方式，C/S 架构是在计算机上安装一个单独的应用，称其为客户端，是与服务器交互的模式。

由于在服务的调用过程中，有一方是发起调用方，另一方是提供服务方。因此，把服务发起方称为客户端，把服务提供方称为服务端。关于 RPC 四种角色的解释和说明如下。

● 客户端：服务调用发起方，也称为服务消费者。

● 客户端存根：该程序运行在客户端所在的计算机上，主要用来存储要调用的服务器地址，另外，该程序还负责将客户端请求远端服务器程序的数据信息打包成数据包，通过网络发送给服务端 Stub 程序；其次，还要接收服务端 Stub 程序发送的调用结果数据包，并在解析后返回给客户端。

● 服务端：在远端计算机上运行的程序，其中有客户端要调用的方法。

● 服务端存根：接收客户 Stub 程序通过网络发送的请求消息数据包，并调用服务端中真正的程序功能，完成功能调用；其次，将服务端执行调用的结果进行数据处理打包发送给客户端 Stub 程序。

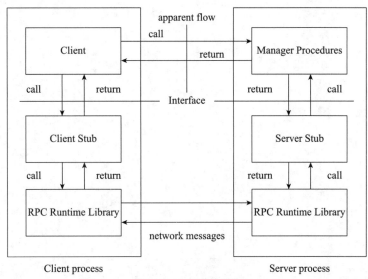

图4-1　RPC工作流程图

（1）客户端想要发起一个远程过程调用，首先通过调用本地客户端 Stub 程序的方式调用想要使用的功能方法名；

（2）客户端 Stub 程序接收到了客户端的功能调用请求，将客户端请求调用的方法名携带的参数等信息做序列化操作，并打包成数据包。

（3）客户端 Stub 查找到远程服务器程序的 IP 地址，调用 Socket 通信协议，通过网络发送给服务端。

（4）服务端 Stub 程序接收到客户端发送的数据包信息，并通过约定好的协议将数据进行反序列化，得到请求的方法名和请求参数等信息。

（5）服务端 Stub 程序准备相关的数据，调用本地 Server 对应的功能方法执行，并传入相应的参数，进行业务处理。

（6）服务端程序根据已有业务逻辑执行调用过程，待业务执行结束后，将执行结果返回给服务端 Stub 程序。

（7）服务端 Stub 程序将程序调用结果按照约定的协议进行序列化，并通过网络发送回客户端 Stub 程序。

（8）客户端 Stub 程序接收到服务端 Stub 发送的返回数据，对数据进行反序列化操作，并将调用返回的数据传递给客户端请求发起者。

（9）客户端请求发起者得到调用结果，整个 RPC 调用过程结束。

4.1.2　RPC 例子

```go
// 服务器端代码：
// 这里暴露了一个 RPC 接口和一个 HTTP 接口
package main

import (
    "fmt"
    "io"
    "net"
    "net/http"
    "net/rpc"
)
type Watcher string
func (w *Watcher) GetInfo(arg int, result *string) error {
    *result = "helloooooo"
    return nil
}
func main() {

    http.HandleFunc("/api", hello)

    watcher := new(Watcher)
    rpc.Register(watcher)
    rpc.HandleHTTP()

    l, err := net.Listen("tcp", ":8000")
    if err != nil {
        fmt.Println("监听失败，端口可能已经被占用")
    }
    fmt.Println("正在监听 8000 端口")
    http.Serve(l, nil)
}

func hello(w http.ResponseWriter, r *http.Request) {
    io.WriteString(w, "hello-123")
}
```

```
// 客户端代码:
package main
import (
    "fmt"
    "net/rpc"
)
func main() {
    client, err := rpc.DialHTTP("tcp", "127.0.0.1:8000")
    if err != nil {
        fmt.Println("链接rpc服务器失败:", err)
    }
    var reply string
    err = client.Call("Watcher.GetInfo", 1, &reply)
    if err != nil {
        fmt.Println("调用远程服务失败", err)
    }
    fmt.Println("远程服务返回结果:", reply)
}
```

除了 net/rpc 还可以使用 net/rpc/jsonrpc，protorpc 实现了 Golang 中的 RPC 服务端，因为 JSON 和 protobuf 支持多种语言，所以使用 jsonrpc 和 protorpc 实现的 RPC 方法可以在其他语言中进行调用。

4.1.3 JsonRPC

```
package main

import (
    "errors"
    "fmt"
    "log"
    "net"
    "net/rpc"
    "net/rpc/jsonrpc"
    "os"
)
// 算数运算结构体
type Arith struct {
}
// 算数运算请求结构体
type ArithRequest struct {
    A int
    B int
```

```go
}
// 算数运算响应结构体
type ArithResponse struct {
    Pro int                          // 乘积
    Quo int                          // 商
    Rem int                          // 余数
}
// 乘法运算方法
func (this *Arith) Multiply(req ArithRequest, res *ArithResponse) error {
    res.Pro = req.A * req.B
    return nil
}
// 除法运算方法
func (this *Arith) Divide(req ArithRequest, res *ArithResponse) error {
    if req.B == 0 {
        return errors.New("divide by zero")
    }
    res.Quo = req.A / req.B
    res.Rem = req.A % req.B
    return nil
}
func main() {
    rpc.Register(new(Arith))                 // 注册RPC服务

    lis, err := net.Listen("tcp", "127.0.0.1:8096")
    if err != nil {
        log.Fatalln("fatal error: ", err)
    }
    fmt.Fprintf(os.Stdout, "%s", "start connection")
    for {
        conn, err := lis.Accept()    // 接收客户端连接请求
        if err != nil {
            continue
        }
        go func(conn net.Conn) {     // 并发处理客户端请求
            fmt.Fprintf(os.Stdout, "%s", "new client in coming\n")
            jsonrpc.ServeConn(conn)
        }(conn)
    }
}
```

JSON-RPC 的 Client 代码如下：

```go
package main
import (
    "fmt"
```

```
        "log"
        "net/rpc/jsonrpc"
)

// 算数运算请求结构体
type ArithRequest struct {
        A int
        B int
}

// 算数运算响应结构体
type ArithResponse struct {
        Pro int                                         // 乘积
        Quo int                                         // 商
        Rem int                                         // 余数
}

func main() {
        conn, err := jsonrpc.Dial("tcp", "127.0.0.1:8096")
        if err != nil {
                log.Fatalln("dailing error: ", err)
        }

        req := ArithRequest{9, 2}
        var res ArithResponse
        err = conn.Call("Arith.Multiply", req, &res)            // 乘法运算
        if err != nil {
                log.Fatalln("arith error: ", err)
        }
        fmt.Printf("%d * %d = %d\n", req.A, req.B, res.Pro)
        err = conn.Call("Arith.Divide", req, &res)
        if err != nil {
                log.Fatalln("arith error: ", err)
        }
        fmt.Printf("%d / %d, quo is %d, rem is %d\n", req.A, req.B, res.Quo, res.Rem)
}
```

4.1.4　gRPC

前面写到的 JsonRPC 实现还是比较简单的，只需要把对应的服务注册即可调用，而 gRPC 稍微复杂一些，不过 gRPC 也被更多人所知道，因为它的性能以及语言支持。gRPC 支持各种语言。

gRPC 的使用还需要 Go Micro 的帮忙，官网：https://developers.google.com/protocol-buffers/。具体实现例子请参考 4.2 节。

4.2　Go Micro 实现一个微服务

Go Micro 是一个插件化的基础框架，基于此可以构建微服务。Micro 的设计哲学是"可插拔"的插件化架构。在架构之外，它默认实现了 consul 作为服务发现，通过 http 通信，通过 protobuf 和 json 编、解码。

Go Micro 是一个用 Golang 编写的包，一系列插件化的接口定义。基于 RPC，Go Micro 为下面的模块定义了接口。

- 服务发现；
- 编、解码；
- 服务端、客户端；
- 订阅、发布消息。

Go Micro 优点：服务自动发现，不需要配置 ip:port，直接通过 service-name 连接服务，期间支持负载均衡。服务发现、协议编码和消息订阅可以通过启动参数自由切换不同的组件，如通过环境变量 MICRO_REGISTRY 切换 MDNS/Consul/NATS 等。例子实践如下：

```go
// 服务端代码
package main

import (
    "log"
    "time"
    "github.com/micro/go-micro"
    "./blueter"
    "github.com/micro/go-micro/registry"
    "github.com/micro/go-plugins/registry/etcdv3"
    "golang.org/x/net/context"
)
type Blueter struct{}
func (g *Blueter) Hello(ctx context.Context, req *blueter.HelloRequest, rsp
*blueter.HelloResponse) error {
    rsp.Msg = "Hello ddddd " + req.From
    // 这里可以做一些数据库新增修改查询操作把结果返回
    return nil
}
func main() {
    // 使用 ETCD 作为注册中心
    reg := etcdv3.NewRegistry(func(op *registry.Options) {
        op.Addrs = []string{"http://47.244.249.198:2379"}
    })

    service := micro.NewService(
```

```
        micro.Name("blueter"),
        micro.Version("laster"),
        micro.RegisterTTL(time.Second*30),        // 服务发现系统中的生存期
        micro.RegisterInterval(time.Second*10),    // 重新注册的间隔
        // 设置了30s秒的TTL生存期，并设置每10s一次的重注册
        micro.Registry(reg),
    )


    /*
        服务通过服务发现功能，在启动时进行服务注册，关闭时进行服务卸载。
        有时候这些服务可能会异常挂掉，进程可能会被暂停，可能遇到短暂的网络问题。
        这种情况下，节点会在服务发现中被干掉。理想状态是服务被自动移除。
        解决方案：
        为了解决这个问题，Micro注册机制支持通过TTL（Time-To-Live）和间隔时间注册两种方式。
        TTL指定一次注册在注册中心的有效期，过期后便删除；而间隔时间注册则是定时向注册中心重新注册
        以保证服务仍在线。
    */


    service.Init()

    blueter.RegisterBlueterHandler(service.Server(), new(Blueter))

    /* 这样就自动注册了一个服务，如果在100台机器上运行此程序，就注册了100个服务。
    客户端根据blueter请求就会自动负载均衡到这100台机器中的某一台，服务可以直接调用server.
    Run()运行，这会让服务监听一个随机端口，这个调用也会让服务将自身注册到注册器，当服务停止运行时，
    它会在注册器注销自己。
    */
    if err := service.Run(); err != nil {
        log.Fatal(err)
    }


}


/*
运行
go run server.go
2020-06-05 10:43:14  file=auth/auth.go:31 level=info Auth [noop]
Authenticated as blueter-d37b2877-fe63-4744-b7a6-0501dcb2df42 issued by go.micro
2020-06-05 10:43:14   file=go-micro/service.go:206 level=info Starting [service]
blueter
2020-06-05 10:43:14   file=grpc/grpc.go:864 level=info Server [grpc] Listening on
[::]:60396
2020-06-05 10:43:14   file=grpc/grpc.go:697 level=info
Registry [etcd] Registering node: blueter-d37b2877-fe63-4744-b7a6-0501dcb2df42
*/
```

```go
// 客户端代码
package main

import (
    "context"
    "fmt"

    "./blueter"
    "github.com/micro/go-micro"
    "github.com/micro/go-micro/registry"
    "github.com/micro/go-plugins/registry/etcdv3"
)

func main() {
    reg := etcdv3.NewRegistry(func(op *registry.Options) {
        op.Addrs = []string{
            "http://47.244.249.198:2379",
        }
    })

    service := micro.NewService(
        micro.Registry(reg),
    )
    service.Init()
    //blueter 是服务端注册的服务
    client := blueter.NewBlueterService("blueter", service.Client())
    param := &blueter.HelloRequest{
        From: "client",
        To:   "server",
        Msg:  "hello xxx",
    }

    rsp, err := client.Hello(context.Background(), param)
    if err != nil {
        panic(err)
    }

    fmt.Println(rsp)
}
```

protobuffer（以下简称 PB）是 google 的一种数据交换的格式，它独立于语言和平台。google 提供了多种语言的实现：Java、C#、C++、Go 和 Python，每一种实现都包含了相应语言的编译器以及库文件。由于它是一种二进制格式，比使用 XML、JSON 等进行数据交换就会快很多。可以把它用于分布式应用之间的数据通信或者异构环境下的数据交换。作为一种效率和兼容性都很优秀的二进制数据传输格式，可以用于网络传输、配置文件和数据存储等诸多领域。

需要的 proto 文件代码如下：

```
syntax = "proto3";
package blueter;

service Blueter {
    rpc Hello(HelloRequest) returns (HelloResponse) {}
}

message HelloRequest {
    string from = 1;
    string to = 2;
    string msg = 3;
}

message HelloResponse {
    string from = 1;
    string to = 2;
    string msg = 3;
}
```

安装 protoc 在 Linux 下操作，用于生成 protocolbuf 文件：

```
PROTOC_ZIP=protoc-3.7.1-linux-x86_64.zip
curl -OL https://github.com/protocolbuffers/protobuf/releases/download/v3.7.1/$PROTOC_ZIP
sudo unzip -o $PROTOC_ZIP -d /usr/local bin/protoc
sudo unzip -o $PROTOC_ZIP -d /usr/local 'include/*'
rm -f $PROTOC_ZIP
```

下载一些必要的包：

```
go get github.com/golang/protobuf/{proto,protoc-gen-go}
go get github.com/micro/protoc-gen-micro
```

新建文件 blueter.proto：

```
protoc --proto_path=$GOPATH/src:. --micro_out=. --go_out=. blueter.proto
```

如果提示：

```
protoc-gen-micro: program not found or is not executable
```

则执行：

```
export GOROOT=/usr/local/go       # 你的 Go 安装路径
export GOPATH=$HOME/go            # Go 工程路径
```

```
export GOBIN=$GOPATH/bin
export PATH=$PATH:$GOROOT:$GOPATH:$GOBIN
```

执行：

```
protoc --proto_path=$GOPATH/src:. --micro_out=. --go_out=. blueter.proto
```

就会在 blueter.pb.micro.go 中生成 blueter.pb.go 和 blueter.pb.micro.go 两个文件，

```
import (
    context "context"
    api "github.com/micro/go-micro/v2/api"
    client "github.com/micro/go-micro/v2/client"
    server "github.com/micro/go-micro/v2/server"
)
```

根据实际引用可以把引用包路径中的 v2/ 去掉。操作代码如下：

```
go run server.go
```

如果提示：

```
panic: http: multiple registrations for /debug/requests
```

是因为 github.com/coreos/etcd/vendor/golang.org/x/net/trace 和 golang.org/x/net/trace 冲突了，解决方法：删除掉 vendor 里面的 golang.org/x/net/trace。例如：

```
rm -rf $GOPATH/src/github.com/coreos/etcd/vendor/golang.org/x/net/trace
```

这样生成的文件如下：

```
blueter.pb.go
// Code generated by protoc-gen-go. DO NOT EDIT.
// source: blueter.proto

package blueter

import (
    fmt "fmt"
    proto "github.com/golang/protobuf/proto"
    math "math"
)

// Reference imports to suppress errors if they are not otherwise used.
var _ = proto.Marshal
var _ = fmt.Errorf
var _ = math.Inf

// This is a compile-time assertion to ensure that this generated file
// is compatible with the proto package it is being compiled against.
// A compilation error at this line likely means your copy of the
```

```
// proto package needs to be updated.
const _ = proto.ProtoPackageIsVersion3 // please upgrade the proto package

type HelloRequest struct {
    From    string    `protobuf:"bytes,1,opt,name=from,proto3" json:"from,omitempty"`
    To      string    `protobuf:"bytes,2,opt,name=to,proto3" json:"to,omitempty"`
    Msg     string    `protobuf:"bytes,3,opt,name=msg,proto3" json:"msg,omitempty"`
    XXX_NoUnkeyedLiteral struct{} `json:"-"`
    XXX_unrecognized     []byte   `json:"-"`
    XXX_sizecache        int32    `json:"-"`
}

func (m *HelloRequest) Reset()         { *m = HelloRequest{} }
func (m *HelloRequest) String() string { return proto.CompactTextString(m) }
func (*HelloRequest) ProtoMessage()    {}
func (*HelloRequest) Descriptor() ([]byte, []int) {
    return fileDescriptor_fda310f29478b1f4, []int{0}
}

func (m *HelloRequest) XXX_Unmarshal(b []byte) error {
    return xxx_messageInfo_HelloRequest.Unmarshal(m, b)
}
func (m *HelloRequest) XXX_Marshal(b []byte, deterministic bool) ([]byte, error) {
    return xxx_messageInfo_HelloRequest.Marshal(b, m, deterministic)
}
func (m *HelloRequest) XXX_Merge(src proto.Message) {
    xxx_messageInfo_HelloRequest.Merge(m, src)
}
func (m *HelloRequest) XXX_Size() int {
    return xxx_messageInfo_HelloRequest.Size(m)
}
func (m *HelloRequest) XXX_DiscardUnknown() {
    xxx_messageInfo_HelloRequest.DiscardUnknown(m)
}

var xxx_messageInfo_HelloRequest proto.InternalMessageInfo

func (m *HelloRequest) GetFrom() string {
    if m != nil {
        return m.From
    }
    return ""
}

func (m *HelloRequest) GetTo() string {
```

```go
    if m != nil {
        return m.To
    }
    return ""
}

func (m *HelloRequest) GetMsg() string {
    if m != nil {
        return m.Msg
    }
    return ""
}

type HelloResponse struct {
    From    string  `protobuf:"bytes,1,opt,name=from,proto3" json:"from,omitempty"`
    To      string  `protobuf:"bytes,2,opt,name=to,proto3" json:"to,omitempty"`
    Msg     string  `protobuf:"bytes,3,opt,name=msg,proto3" json:"msg,omitempty"`
    XXX_NoUnkeyedLiteral struct{} `json:"-"`
    XXX_unrecognized     []byte   `json:"-"`
    XXX_sizecache        int32    `json:"-"`
}

func (m *HelloResponse) Reset()         { *m = HelloResponse{} }
func (m *HelloResponse) String() string { return proto.CompactTextString(m) }
func (*HelloResponse) ProtoMessage()    {}
func (*HelloResponse) Descriptor() ([]byte, []int) {
    return fileDescriptor_fda310f29478b1f4, []int{1}
}

func (m *HelloResponse) XXX_Unmarshal(b []byte) error {
    return xxx_messageInfo_HelloResponse.Unmarshal(m, b)
}
func (m *HelloResponse) XXX_Marshal(b []byte, deterministic bool) ([]byte, error) {
    return xxx_messageInfo_HelloResponse.Marshal(b, m, deterministic)
}
func (m *HelloResponse) XXX_Merge(src proto.Message) {
    xxx_messageInfo_HelloResponse.Merge(m, src)
}
func (m *HelloResponse) XXX_Size() int {
    return xxx_messageInfo_HelloResponse.Size(m)
}
func (m *HelloResponse) XXX_DiscardUnknown() {
    xxx_messageInfo_HelloResponse.DiscardUnknown(m)
}
```

```go
var xxx_messageInfo_HelloResponse proto.InternalMessageInfo

func (m *HelloResponse) GetFrom() string {
    if m != nil {
        return m.From
    }
    return ""
}

func (m *HelloResponse) GetTo() string {
    if m != nil {
        return m.To
    }
    return ""
}

func (m *HelloResponse) GetMsg() string {
    if m != nil {
        return m.Msg
    }
    return ""
}

func init() {
    proto.RegisterType((*HelloRequest)(nil), "blueter.HelloRequest")
    proto.RegisterType((*HelloResponse)(nil), "blueter.HelloResponse")
}

func init() { proto.RegisterFile("blueter.proto", fileDescriptor_fda310f29478b1f4) }

var fileDescriptor_fda310f29478b1f4 = []byte{
    // 150 bytes of a gzipped FileDescriptorProto
    0x1f, 0x8b, 0x08, 0x00, 0x00, 0x00, 0x00, 0x00, 0x02, 0xff, 0xe2, 0xe2, 0x4d,
    0xca, 0x29, 0x4d, 0x2d, 0x49, 0x2d, 0xd2, 0x2b, 0x28, 0xca, 0x2f, 0xc9, 0x17,
    0x62, 0x87, 0x72, 0x95, 0x5c, 0xb8, 0x78, 0x3c, 0x52, 0x73, 0x72, 0xf2, 0x83,
    0x52, 0x0b, 0x4b, 0x53, 0x8b, 0x4b, 0x84, 0x84, 0xb8, 0x58, 0xd2, 0x8a, 0xf2,
    0x73, 0x25, 0x18, 0x15, 0x18, 0x35, 0x38, 0x83, 0xc0, 0x6c, 0x21, 0x3e, 0x2e,
    0xa6, 0x92, 0x7c, 0x09, 0x26, 0xb0, 0x08, 0x53, 0x49, 0xbe, 0x90, 0x00, 0x17,
    0x73, 0x6e, 0x71, 0xba, 0x04, 0x33, 0x58, 0x00, 0xc4, 0x54, 0x72, 0xe5, 0xe2,
    0x85, 0x9a, 0x52, 0x5c, 0x90, 0x9f, 0x57, 0x9c, 0x4a, 0x9e, 0x31, 0x46, 0xce,
    0x5c, 0xec, 0x4e, 0x10, 0x77, 0x09, 0x59, 0x70, 0xb1, 0x82, 0x4d, 0x14, 0x12,
    0xd5, 0x83, 0xb9, 0x1c, 0xd9, 0x9d, 0x52, 0x62, 0xe8, 0xc2, 0x10, 0x8b, 0x95,
    0x18, 0x92, 0xd8, 0xc0, 0x3e, 0x34, 0x06, 0x04, 0x00, 0x00, 0xff, 0xff, 0x3a,
    0x78, 0xa8, 0xb4, 0xf2, 0x00, 0x00, 0x00,
}
```

Go语言从基础到中台微服务实战开发

```
blueter.pb.micro.go            // 此文件由前面的 pootoc 命令自动生成

// Code generated by protoc-gen-micro. DO NOT EDIT.
// source: blueter.proto

package blueter

import (
    fmt "fmt"
    math "math"

    proto "github.com/golang/protobuf/proto"
)

import (
    context "context"

    api "github.com/micro/go-micro/api"
    client "github.com/micro/go-micro/client"
    server "github.com/micro/go-micro/server"
)

// Reference imports to suppress errors if they are not otherwise used
var _ = proto.Marshal
var _ = fmt.Errorf
var _ = math.Inf

// This is a compile-time assertion to ensure that this generated file
// is compatible with the proto package it is being compiled against
// A compilation error at this line likely means your copy of the
// proto package needs to be updated
const _ = proto.ProtoPackageIsVersion3 // please upgrade the proto package

// Reference imports to suppress errors if they are not otherwise used
var _ api.Endpoint
var _ context.Context
var _ client.Option
var _ server.Option

// API Endpoints for Blueter service

func NewBlueterEndpoints() []*api.Endpoint {
    return []*api.Endpoint{}
```

```
    }

    // Client API for Blueter service

    type BlueterService interface {
        Hello(ctx context.Context, in *HelloRequest, opts ...client.CallOption)
        (*HelloResponse, error)
    }

    type blueterService struct {
        c     client.Client
        name string
    }

    func NewBlueterService(name string, c client.Client) BlueterService {
        return &blueterService{
            c:      c,
            name: name,
        }
    }

    func (c *blueterService) Hello(ctx context.Context, in *HelloRequest, opts
    ...client.CallOption) (*HelloResponse, error) {
        req := c.c.NewRequest(c.name, "Blueter.Hello", in)
        out := new(HelloResponse)
        err := c.c.Call(ctx, req, out, opts...)
        if err != nil {
            return nil, err
        }
        return out, nil
    }

    // Server API for Blueter service

    type BlueterHandler interface {
        Hello(context.Context, *HelloRequest, *HelloResponse) error
    }

    func RegisterBlueterHandler(s server.Server, hdlr BlueterHandler, opts ...server.
    HandlerOption) error {
        type blueter interface {
            Hello(ctx context.Context, in *HelloRequest, out *HelloResponse) error
        }
        type Blueter struct {
            blueter
```

```
    }
    h := &blueterHandler{hdlr}
    return s.Handle(s.NewHandler(&Blueter{h}, opts...))
}


type blueterHandler struct {
    BlueterHandler
}


func (h *blueterHandler) Hello(ctx context.Context, in *HelloRequest, out
*HelloResponse) error {
    return h.BlueterHandler.Hello(ctx, in, out)
}
```

是不是觉得生成的代码非常多？这其实是 protoc 自动生成的，实际上只需要写一个简单的 proto 文件即可。这里有人会有疑惑，用 protoc 这么啰唆，能不能简单点？用传统、简单的 HTTP API 能不能实现微服务？答案是肯定的，只需要前置一个微服务网关即可，只要做到细分、独立、服务注册、服务发现和可扩展也是微服务。简单的几个功能独立的 API 不算微服务，微服务要包含服务注册、服务发现、服务挂机自动移除和可扩展，随时可以应付高并发带来的机器不够和性能不足等问题。

4.3 Go kit 微服务

除了用 Go Micro 还可以用 GoKit 来做微服务，但是 GoKit 相对来说更复杂一些，GoKit 本身不是一个框架，而是一套微服务工具集，它可以用来解决分布式系统开发中的大多数常见问题，所以可以专注于自己业务逻辑。

我们使用 GoKit 代码生成工具 truss，通过 truss 可以快速地编写 GoKit 中繁杂的代码，并生成支持 HTTP 和 gRPC 两种调用方式的服务。Go 是一种很好的通用语言，但是微服务需要一定量的专业支持。比如，RPC 安全性、系统可观察性、基础结构集成和程序设计。Go kit 填补了标准库留下的空白，并使 Go 在任何组织中成为编写微服务的一流语言。

GoKit 的架构分为三层结构：Transport 层，Endpoint 层和 Service 层。Transport 层主要负责与传输协议 HTTP、GRPC 和 THRIFT 等相关的逻辑；Endpoint 层主要负责 request ／ response 格式的转换，以及公用拦截器相关的逻辑；Service 层则专注于业务逻辑。GoKit 除了经典的分层架构外，还在 Endpoint 层提供了很多公用的拦截器，如 log、metric、tracing、circuitbreaker 和 ratelimiter 等来保障业务系统的可用性。它们在设计上有一个共同点，即都同传输协议无关。在之前的一些 HTTP 框架中，这些拦截器同传输协议是紧紧耦合的，如果此时需要将某些 HTTP 接口改造成 gRPC 协议的接口，那么这些拦截器还得再基于 gRPC 再实现一遍，设计上存在一定的冗余。因此，借助 GoKit 这套工具集，我们就能很好地对 Transport 协议和 middleware 进行扩展，并且不会影响到业务本身的设计。具体实例参见：https://github.com/go-kit/kit/tree/master/examples。

第 5 章　微服务网关

5.1　微服务网关简介

微服务作为应用开发技术的必然趋势，对业务系统进行细粒度拆分，分而治之可以有效地降低业务系统复杂度，但同时也对企业技术架构提出了新的挑战。

微服务开发需要一套工程化的敏捷交付能力，支撑开发的各个阶段，加速需求落地和功能交付效率。微服务拆分带来大量的细粒度服务和 API，如何管理服务和 API，以及防范系统性故障，此处需要微服务网关。微服务系统需要注册中心、配置中心、监控中心和调度框架等一系列基础设施来保障系统正常运行，维护成本高。

服务网关 = 路由转发 + 过滤器。

服务网关、open-service 和 service 启动时注册到注册中心；在用户请求时直接请求网关，网关做智能路由转发（包括服务发现，负载均衡）到 open-service，其中包含权限校验、监控和限流等操作。open-service 聚合内部 service 响应，返回给网关，网关再返回给用户。

前端不需要知道后台诸多微服务的存在，后端微服务可以根据性能进行水平扩展，也就是不断地加服务器。所有的外部请求先通过这个微服务网关，它只需跟网关进行交互，而由网关进行各个微服务的调用。具体流程如图 5-1 所示。

在目前的网关解决方案里，有 Traefik Fabio Envoy Nginx+ Lua、Kong 和 Spring Cloud 等。

图 5-1　流程图

5.2　微服务的服务发现

微服务架构下服务实例具有动态分配的网络地址，随着服务的自动扩展、故障和发布升级，导致服务实例的网络地址发生动态变更。因此，需要一种机制，支持服务消费者在服务提供者实例地址发生变更时，能够及时感知获取实例最新的地址，即服务发现机制。

至于需要服务发现的原因，先看如图 5-2 所示的对比和说明。

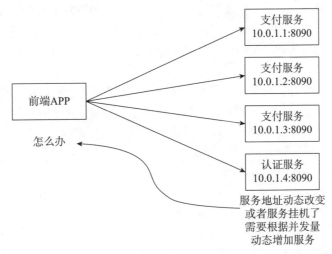

改造后，中间加一个网关，前端把请求发给微服务网关，网关会根据配置动态转发。

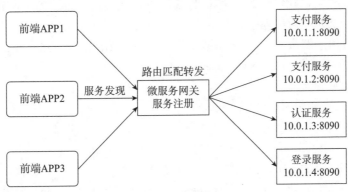

图5-2　对比与说明

服务发现的关键部分是服务注册表。服务注册表提供管理和查询服务注册信息的 API。可以使用 Netflix Eureka、etcd、Consul 或 Apache ZooKeeper 等服务注册表搭建服务发现基础设施。

微服务架构主要包括两种服务发现模式：客户端发现和服务端发现。客户端发现模式，客户端负责查询服务注册表，选择可用的实例地址转发请求；服务端发现模式，客户端通过路由器或者负载均衡器转发请求，路由器负责查询服务注册表，选择可用的实例地址转发请求。

5.3 服务治理 Service Mesh

Service Mesh 又译作服务网格，作为服务间通信的基础设施层。Service Mesh 通常是一组与应用一起部署，但对应用透明的轻量级网络代理。当微服务（Service）集群扩大到一定规模后，就会形成网格状（Mesh），即形成了 Service Mesh 形态。

如果用一句话来解释什么是 Service Mesh，可以将它比作应用程序或者微服务间的 TCP/IP，负责服务之间的网络调用、限流、熔断和监控。对于编写应用程序来说一般无须关心 TCP/IP 这一层（比如通过 HTTP 协议的 RESTful 应用），同样使用 Service Mesh 也无须关心服务间那些原来通过应用程序或者其他框架实现的操作，比如 Spring Cloud 和 OSS，现在只要交给 Service Mesh 就可以了。

Service Mesh 会接管整个网络，在服务之间转发所有的请求。在这种情况下，我们会看到上面的服务不再负责传递请求的具体逻辑，只负责完成业务处理。服务间通信的环节就从应用里面剥离出来，呈现出一个抽象层。如果有大量的服务，就会表现出网格。

1. Service Mesh 的来龙去脉

从最原始的主机之间直接使用网线相连。

网络层的出现如下。

①集成到应用程序内部的控制流。

②分解到应用程序外部的控制流。

③应用程序的中集成服务发现和断路器。

④出现了专门用于服务发现和断路器的软件包/库，如 Twitter 的 Finagle 和 Facebook 的 Proxygen，这时还是集成在应用程序的内部。

⑤出现了专门用于服务发现和断路器的开源软件，如 Netflix OSS、Airbnb 的 synapse 和 nerve，最后作为微服务的中间层 Service Mesh 出现。

2. Service Mesh 的特点

①应用程序间通信的中间层。

②轻量级网络代理。

③应用程序无感知。

④解耦应用程序的重试/超时、监控、追踪和服务发现。

目前流行的 Service Mesh 开源软件有 Traefik Linkerd、Envoy 和 Istio，而最近 Buoyant（开源 Linkerd 的公司）又发布了基于 Kubernetes 的 Service Mesh 开源项目 Conduit。

3. Service Mesh 开源项目简介

（1）Linkerd（https://github.com/linkerd/linkerd）

2016 年 1 月 15 日首发布，业界第一个 Service Mesh 项目，由 Buoyant（前 Twitter 工程师）公司开发，2017 年 7 月 11 日，宣布和 Istio 集成，成为 Istio 的数据面板。

（2）Envoy（https://github.com/envoyproxy/envoy）

2016 年 9 月 13 日首发布，由 Matt Klein（Lyft 工程师）个人开发，版本较稳定。

（3）Istio（https://github.com/istio/istio）

2017 年 5 月 24 日首发布，由 Google、IBM 和 Lyft 联合开发，只支持 Kubernetes 平台，2017 年 11 月 30 日发布 0.3 版本，开始支持非 Kubernetes 平台，之后的开发和发布比较稳定。

（4）Conduit（https://github.com/runconduit/conduit）

2017 年 12 月 5 日首发布，由 Buoyant 公司开发（借鉴 Istio 整体架构，部分进行了优化），对抗 Istio 的压力很大。

（5）nginMesh（https://github.com/nginmesh/nginmesh）

2017 年 9 月首发布，由 Nginx 开发，定位是作为 Istio 的服务代理，也就是替代 Envoy，与 Linkerd 之前和 Istio 集成的思路很相似，极度低调，GitHub 上的星也只有不到 100。

（6）Kong（https://github.com/Kong/kong）

比 nginMesh 更加低调，默默发展中。

关于微服务和服务网格的区别，笔者的一些理解：微服务更像是一个服务之间的生态，专注于服务治理等方面，而服务网格更专注于服务之间的通信以及和 DevOps 更好地结合。

（7）Traefik（https://docs.traefik.io/）

是一个为了让部署微服务更加便捷而诞生的现代 HTTP 反向代理、负载均衡的工具。它支持多种后台（Docke、Swarm、Kubernetes、Marathon、Mesos、Consul、Etcd、Zookeeper、BoltDB、Rest API 和 file……），可以自动化、动态地应用它的配置文件设置。

5.4　网关负载均衡算法

1. round robin（默认）

轮询方式，即依次将请求分配到各个后台服务器中，默认的负载均衡方式。适用于后台机器性能一致的情况。挂掉的机器可以自动从服务列表中剔除。

2. weight

根据权重来分发请求到不同的机器中，指定轮询概率，weight 和访问比率成正比。用于后端服务器性能不均的情况。

3. IP_hash

根据请求者 IP 的 hash 值将请求发送到后台服务器中，可以保证来自同一 IP 的请求被输送到固定的机器上，可以解决 session 问题。

4. url_hash（第三方）

根据请求的 URL 的 hash 值将请求分到不同的机器中，当后台服务器为缓存时效率高。比如在 upstream 中加入 hash 语句，server 语句中不能写入 weight 等其他参数，hash_method 是使用的 hash 算法在需要使用负载均衡的 server 中增加：

```
proxy_pass http://bakend/;
```

每个设备的状态设置如下。

① down：表示单前的 server 暂时不参与负载。

② weight：默认为 1。weight 越大，负载的权重就越大。

③ max_fails：允许请求失败的次数默认为 1。当超过最大次数时，返回 proxy_next_upstream 模块定义的错误。

④ fail_timeout:max_fails：失败后，暂停的时间。

⑤ backup：其他所有的非 backup 机器宕机或者忙时，请求 backup 机器。所以这台机器压力最轻。

⑥ nginx：支持同时设置多组的负载均衡，给不用的 server 使用。

⑦ client_body_in_file_only：设置为 On，可以将 client post 过来的数据记录到文件中用来做 Debug。

⑧ client_body_temp_path：设置记录文件的目录，可以设置最多 3 层目录。

⑨ location：对 URL 进行匹配。可以进行重定向或者进行新的代理、负载均衡。

5. fair（第三方）

根据后台响应时间来分发请求，响应时间短的分发的请求多。

第 6 章　Docker 和 K8S

6.1　Docker

　　Docker 是一个开源的应用容器引擎，基于 Go 语言并遵从 Apache2.0 协议开源。Docker 可以让开发者打包他们的应用以及依赖包传到一个轻量级、可移植的容器中，然后发布到任何流行的 Linux 机器上，也可以实现虚拟化。

　　容器完全使用沙箱机制，相互之间不会有任何接口，更重要的是容器性能开销极低。Docker 从 17.03 版本之后分为 CE（Community Edition: 社区版）和 EE（Enterprise Edition: 企业版），这里用社区版就可以。

　　Docker 为了管理容器方便，它定义一个容器中只能运行一个进程，但实际上容器与虚拟机类似，它可运行多个进程。实际上只是为了管理方便，限制容器中只能运行一个进程。

　　容器这种技术带来的好处如下。

　　对于开发人员来说，因为 Docker 的出现真正解决了代码一次编写到处运行，无论底层是什么系统，只要能运行 Docker，将镜像做好，直接编排好然后在宿主机上启动容器即可。对于运维人员来说，带来的问题是：系统构架更加复杂，原本调试进程的方式在容器时代变得异常困难，因为容器中很可能没有各种调试工具等。

　　VM（VMware）在宿主机器、宿主机器操作系统的基础上创建虚拟层、虚拟化的操作系统、虚拟化的仓库，然后再安装应用。Container（Docker 容器）在宿主机器、宿主机器操作系统上创建 Docker 引擎，在引擎的基础上再安装应用。比虚拟机启动快、占用资源少很多。可以快速新增启动或关闭一个 Docker，虚拟机就没那么方便了。

　　使用 docker 的好处如下。

　　首先，Docker 可以让你非常容易和方便地以"容器化"的方式去部署应用。它就像集装箱一样，打包了所有依赖，使其在其他服务器上部署很容易，不至于换服务器后发现各种配置文件散落一地，这样就解决了编译时依赖和运行时依赖的问题。

　　其次，Docker 的隔离性使应用在运行时就像处于沙箱中，每个应用都认为自己是在系统中唯一运行的程序，A 依赖于 Go1.1，同时 A 还依赖于 B，但 B 却依赖于 Go 1.7，这样可以在系统中部署一个基于 Go 1.1 的容器和一个基于 Go 1.7 的容器，这样就可以很方便地在系统中部署多种不同环境来解决依赖复杂度的问题。这里有些朋友可能会说，虚拟机也可以解决这样的问题。诚然，虚拟机确实可以做到这一点，但是这需要硬件支持虚拟化及开启 BIOS 中虚拟化相关的功能，同时还需要在系统中安装两套操作系统，虚拟机的出现解决了操作系统和物理机的强耦合问题。但 Docker 就轻量化很多，只需内核支持，无须硬件和 BIOS 的强制要求，可以轻松迅速地在系统上部署多套不同容器环境，容器的出现解决了应用和操作系统的强耦合问题。

正因为 Docker 是以应用为中心，镜像中打包了应用及应用所需的环境，一次构建，处处运行。这种特性完美解决了传统模式下应用迁移后面临的环境不一致问题。同时，Docker 不管内部应用怎么启动，本书用 docker start 或 run 作为统一标准。这样应用启动就标准化了，不需要再根据不同的应用而记忆一大串不同的启动命令。

基于 Docker 的特征，现在常见的利用 Docker 进行持续集成的流程如下。

①开发者提交代码。

②触发镜像构建。

③构建镜像上传至私有仓库。

④镜像下载至执行机器。

⑤镜像运行。

底层原理

Docker 容器使用 Linux namespace 来隔离其运行环境，使容器中的进程看起来在一个独立环境中运行一样。但是，仅仅有运行环境隔离还不够，因为这些进程还是可以不受限制地使用系统资源，比如网络、磁盘、CPU 以及内存等。关于其目的，一方面是为了防止它占用太多的资源而影响到其他进程；另一方面是因为在系统资源耗尽时，Linux 内核会触发 OOM，这会让一些被杀掉的进程成了无辜的"替死鬼"。因此，为了让容器中的进程更加可控，Docker 使用 Linux cgroups 来限制容器中的进程允许使用系统资源。

Linux Cgroup 可为系统中所运行任务（进程）的用户定义组群分配资源，比如 CPU 时间、系统内存、网络带宽或者这些资源的组合。可以监控管理员配置的 cgroup，拒绝 cgroup 访问某些资源，甚至在运行的系统中动态地配置 cgroup。因此，可以将 controll groups 理解为 controller（system resource）（for）（process）groups，也就是说，它以一组进程为目标进行系统资源分配和控制。它主要提供了以下功能。

● Resource limitation：限制资源使用，比如内存使用上限以及文件系统的缓存限制。

● Prioritization：优先级控制，比如 CPU 利用和磁盘 I/O 吞吐。

● Accounting：一些审计或一些统计，主要目的是计费。

● Controll：挂起进程，恢复执行进程。

使用 cgroup，系统管理员可更具体地控制对系统资源的分配、优先顺序、拒绝、管理和监控。可更好地根据任务和用户分配硬件资源，提高总体效率。在实践中，系统管理员一般会利用 CGroup 做这些事。

①隔离一个进程集合（比如，nginx 的所有进程）并限制他们所消费的资源，比如绑定 CPU

的核。

②为这组进程分配其足够使用的内存。

③为这组进程分配相应的网络带宽和磁盘存储限制。

④限制访问某些设备（通过设置设备的白名单）。

6.2　Docker 安装和基本命令

CentOS 7 中 Docker 的安装：

```
yum install docker
```

启动 Docker 服务：

```
systemctl enable docker && systemctl start docker
```

查看 Docker 版本：

```
docker version
```

下载镜像：

```
docker pull centos
```

重启 docker：

```
systemctl restart docker
```

查看生成的镜像：

```
docker images
```

查看当前运行的容器：

```
docker ps
```

查看所有容器，包括停止的：

```
docker ps -a
```

删除镜像，-f 是强制删除：

```
docker rmi -f f1a15a98e7a4
```

进入容器 id=b9a6fe63f019：

```
docker exec -it  b9a6fe63f019  /bin/bash
```

主机命令行执行将容器内文件复制到计算机：

```
docker cp b9a6fe63f019:/go/src/OcsServer/gate D:\GoProject\src\OcsServer\pub
```

6.3 制作一个 Docker

在 Docker 中创建镜像最常用的方式，就是使用 Dockerfile。Dockerfile 是一个 Docker 镜像的描述文件，可以理解成火箭发射的 A、B、C、D……的步骤。Dockerfile 的内部包含了一条条指令，每一条指令构建一层，因此每一条指令的内容就是描述该层应当如何构建。

先新建一个名字叫 Dockerfile 的文件，目录下必须有一个名字叫 Dockerfile 的文件。Dockerfile 文件内容如下：

```
# 第一行一般是 From 一个存在的、通用的、基础的基础镜像
# 可以在：https://hub.docker.com/ 找到需要的镜像，然后再改一下即可
FROM centos
# 创建一个运行目录
RUN mkdir -p/home/app/product/
# 指定运行目录
WORKDIR/home/app/product/
# 添加当前目录的文件到工作目录
ADD ./home/app/product/
# 暴露端口
EXPOSE 8090
# 修改 bin 文件权限，demo 是生成的 bin 文件名称，可以随便改
RUN chmod 771 demo
# 进入运行目录，开始后台运行程序
CMD [ "sh", "-c", " ./demo 2>&1 &  " ]
# 使用当前目录的 Dockerfile 创建镜像，在当前目录执行
docker build -t productmanange.
```

输出：

```
[root@master docker]# docker build -t productmanage.
Sending build context to Docker daemon  10.81MB
Step 1/7 : FROM centos
---> 831691599b88
Step 2/7 : RUN mkdir -p/home/app/product/
---> Using cache
---> 520376fd022e
Step 3/7 : WORKDIR/home/app/product/
---> Using cache
---> f338eb0ac4c9
Step 4/7 : ADD ./home/app/product/
---> 672aa15d2d60
Step 5/7 : EXPOSE 8090
---> Running in 319647624f01
Removing intermediate container 319647624f01
---> 3007db63c110
```

```
Step 6/7 : RUN chmod 771 demo
---> Running in a6b5648585e7
Removing intermediate container a6b5648585e7
---> 0878e65fcc09
Step 7/7 : CMD [ "sh", "-c", " ./demo 2>&1 &  " ]
---> Running in ce75555edec3
Removing intermediate container ce75555edec3
---> fabcee223551
Successfully built fabcee223551
Successfully tagged productmanage:latest
```

就会生成一个 Docker。也可以通过 -f Dockerfile 文件的位置：

```
$ docker build -f /path/to/a/Dockerfile .
```

docker tag：标记本地镜像，将其归入某一仓库。

```
docker tag [OPTIONS] IMAGE[:TAG] [REGISTRYHOST/][USERNAME/]NAME[:TAG]
```

实例

将镜像 ubuntu：15.10 标记为 runoob/ubuntu：v3 镜像。

```
$ docker tag ubuntu:15.10 runoob/ubuntu:v3
```

运行 docker：

```
docker run -i -t -p 8090:8090 productmanage
```

- docker ps：查看当前运行的容器。
- docker ps -a：查看所有容器，包括停止的容器。

RUN、CMD 和 ENTRYPOINT 的区别如下。

① RUN

RUN 命令是创建 Docker 镜像（baiimage）的步骤，RUN 命令对 Docker 容器（container）造成的改变会被反映到创建的 daoDocker 镜像上。一个 Dockerfile 中可以有多个 RUN 命令。

② CMD

CMD 命令是当 Docker 镜像被启动后 Docker 容器将会默认执行的命令。一个 Dockerfile 中只能有一个 CMD 命令，多了只会执行最后一条。通过执行 docker run $image $other_command 启动镜像可以重载 CMD 命令。如果 CMD 要运行多个指令可以这样操作，创建一个 bash file "start.sh"：

```
#!/bin/bash
/usr/bin/command2 param1
/usr/bin/commnad1
然后在 Dockerfile 中
ADD start.sh /
RUN chmod +x /start.sh
CMD ["/start.sh"]
```

③ ENTRYPOINT

ENTRYPOINT 的目的和 CMD 一样，都是在指定容器启动程序及参数。当指定了 ENTRYPOINT 后，CMD 的含义就发生了改变，不再直接运行其命令，而是将 CMD 的内容作为参数传给 ENTRYPOINT 指令。也就是说，在实际执行时，将变为：

```
<ENTRYPOINT> "<CMD>"
```

一个很广泛的用法是，在 ENTERPOINT 中指定一个脚本文件做预处理工作，这个脚本会将接到的参数（也就是 CMD 命令）作为命令，在脚本最后执行。比如 MYSQL 类的数据库，可能需要一些数据库配置和初始化的工作，这些工作要在最终的 MYSQL 服务器运行之前解决。这些准备工作和容器 CMD 无关，无论 CMD 是什么，都需要事先进行预处理的工作。

Docker 生成后可以上传到网络仓库。

```
# 1.从加速器切换到仓库地址登录
docker login --username=你的用户名  仓库地址
# 2.根据镜像名字或者 ID 为它创建一个标签，缺省为 latest dockerfile，是镜像名称
docker tag dock_gateway  镜像地址：版本号
# 3.推送镜像：push,不用带版本号,上传前要先 docker tag
docker push 镜像地址
删除镜像
docker rm 镜像地址
# 因为版本缺省默认是 latest，所以获取时可以缺省或者追加 latest(建议)
// 下拉镜像
docker pull 镜像地址
```

6.4　kubernetes K8S

6.4.1　简介

容器编排调度引擎简称 K8S，如果把 Docker 看作是兵，那么 K8S 就是军师，用来调配指挥。随着容器的增长，管理大量的容器带来了新的挑战，Kubernetes 随之推出，Kubernetes 是一个完备的分布式系统支撑平台，具有完备的集群管理能力，多扩、多层次的安全防护和准入机制、多租户应用支撑能力、透明的服务注册和发现机制、内建智能负载均衡器、强大的故障发现和自我修复能力、服务滚动升级和在线扩容能力、可扩展的资源自动调度机制以及多粒度的资源配额管理能力。同时 Kubernetes 提供完善的管理工具，涵盖了包括开发、部署测试和运维监控在内的各个环节。

K8S 好处：简化应用部署；提高硬件资源利用率；健康检查和自修复；自动扩容缩容；服务发现和负载均衡。

如果使用 K8S，推荐最少提供 3 台服务器，一台做主机另外两台做从机，主服务器负责调配资源，从服务器负责运行 Docker。

6.4.2 为什么要用 K8S

K8S 是一个开源的容器集群管理系统，可以实现容器集群的自动化部署、自动扩缩容和维护等功能。

（1）故障迁移不停服务：当某一个 node 节点关机或挂掉后，node 节点上的服务会自动转移到另一个 node 节点上，在这个过程中所有的服务不中断。这是 Docker 或普通云主机做不到的。

（2）资源调度：当 node 节点上的 CPU 和内存不够用时，可以扩充 node 节点，新建的 pod 就会被 kube-schedule 调度到新扩充的 node 节点上，需要先新建一个 node 然后加入 K8S 集群，之后 K8S 会自动分配部署到一个 node 上。node 是一台单台服务器。

（3）资源隔离：可以为独立群体或者单个用户命名不同的空间，切换上下文后，各自就只能看到开发命名空间的所有 pod，看不到其他命名空间的 pod，这样就不会造成影响，且互不干扰。传统的主机或在只有 Docker 的环境中，登录进去就会看到所有的服务或者容器。

（4）因为采用 Docker 容器，进程之间互不影响。

（5）安全：不同角色有不同的查看 pod、删除 pod 等操作权限；RBAC 认证增加了 K8S 的安全性。

（6）快速精准地部署应用程序。

（7）限制硬件用量仅为所需资源。

Kubernetes 的优势如下。

- 可移动：公有云、私有云、混合云、多态云；
- 可扩展：模块化、插件化、可挂载、可组合；
- 自修复：自动部署、自动重启、自动复制、自动伸缩；
- 负载均衡。

K8S 可以更快地更新版本和打包应用，更新时可以做到不中断服务，服务器故障时不用停机；从开发环境到测试环境再到生产环境的迁移极其方便，一个配置文件、一次生成 image，之后可以随便运行。

6.4.3 Deployment 和 Service

Pod、ReplicaSet、Deployment 和 Service 的关系如图 6-1 所示。

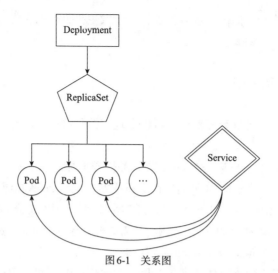

图6-1　关系图

（1）Pod：K8S 管理的最小单位，其包括一个或多个容器，是提供实际业务服务的组件。Pod 里面可以有一个或多个 Docker 实例。Docker 的容器可以类比成 OS 中的进程，而 K8S 的 pod 则更像是 OS 中的"进程组"概念。

（2）ReplicaSet（rs）：是 pod 的管理控制组件，监控 pod 的健康状况，保障 pod 按照用户的期望来运行。rs 是 ReplicationController 组件的升级版，增加了标签选择器的范围来选择功能。

（3）Deployment：可管理 ReplicaSet 和 pod，实现 pod 应用的滚动升级和回滚、扩容和缩容。控制器类型除了 Deployment 还有以下几种。

● Replication Controller 和 ReplicaSet；

● DaemonSet；

● StatefulSet；

● Job；

● CronJob；

● HPA（全称 Horizontal Pod Autoscaler）。

Deployment 提供更多的部署功能，如回滚、暂停和重启、版本记录、事件和状态查看、滚动升级和替换升级。

（4）Service：集群中 pod 的数量和访问地址可能是变化的，这些 pod 中的业务应用需要对外提供服务，可通过 Service 对外提供统一服务地址，Service 通过标签选择器匹配一组提供服务的 pod，从而对客户端隔离后端 pod 的变化。外部请求到达 service，然后 service 再负载均衡分发到 pod。

K8S service 的四种类型如下。

① ClusterIp

默认类型，每个 Node 分配一个集群内部的 IP，内部可以互相访问，外部无法访问集群内部。

② NodePort

基于 ClusterIp，另外在每个 Node 上开放一个端口，可以从所有的位置访问这个地址。

③ LoadBalance

基于 NodePort，并且有云服务商在外部创建一个负载均衡层，将流量导入对应的 Port。

④ ExternalName

将外部地址经过集群内部的再一次封装（实际上就是集群 DNS 服务器将 CNAME 解析到了外部地址上），实现了集群内部访问即可。例如你们公司的镜像仓库，最开始是用 IP 访问，等到后面域名确定后再使用域名访问。你不可能去修改每处的引用，但是可以创建一个 ExternalName，先指向到 IP，尔后再指向域名。所有需要访问仓库的地方，统一访问这个服务即可。

1. pod 和 Deployment 的区别与关系

pod 是单一或一组容器的合集；Deployment 是 pod 版本管理的工具，用来区分不同版本的 pod。pod 可以单独创建并进行生命周期管理，单独创建 pod 时不会出现 Deployment；但创建 Deployment 时一定会创建 pod，因为 pod 是一个基础单位。任何控制器单位的具体实现必须落到 pod 去实现。Deployment 是 pod 的管理者，管理它的生命周期。Deployment 可以理解为由两部分组成，其中的 template 其实就是定义 pod，replicas 定义需要的状态，Deployment Controller 保证 pod 数量等一直满足需要的状态。pod 是 K8S 的最小调度单位，一个 pod 中可以有多个 containers，彼此共享网络等，这是 K8S 的核心概念。Deployment 和 StatefulSet 是控制器，保证 pod 一直运行在需要的状态。

创建 pod 的例子代码如下：

```
apiVersion: v1
kind: Pod
metadata:
  name: frontend
spec:
  containers:
  - name: db
    image: mysql
    env:
    - name: MYSQL_PASSWORD
      value: "password"
resources:
# 资源限制
    requests:
      memory: "64Mi"
      cpu: "250m"
    limits:
      memory: "128Mi"
      cpu: "500m"
  - name: wp
    image: wordpress
    resources:
      requests:
```

```
        memory: "64Mi"
        cpu: "250m"
      limits:
        memory: "128Mi"
        cpu: "500m"
```

2. 为什么需要 Service

Kubernetes pod 是有生命周期的，它可以被创建，也可以被销毁，然而一旦被销毁，其生命就永远结束了。通过 ReplicationController 能够动态地创建和销毁 pod（比如需要扩缩容、执行和滚动升级）。每个 pod 都会获取它自己的 IP 地址，IP 总是不稳定的，那么前端怎么发现呢？这就需要 Service，它的端口和 IP 是不变的。这样前端只需要跟 Service 通信，而不需要关心 pod 的变化。

pod 中运行的容器存在动态、弹性的变化（容器的重启 IP 地址会变化），因此便产生了 Service，其资源为此类 pod 对象提供一个固定、统一的访问接口及负载均衡能力，并借助 DNS 系统的服务发现功能，解决客户端发现容器难发现的问题。

Service 和 pod 对象的 IP 地址在集群内部可达，但集群外部用户无法接入服务，解决的思路如下。

①在 pod 上做端口暴露（hostPort）。

②在工作节点上公用网络名称空间（hostNetwork）。

③使用 Service 的 NodePort 或 loadbalancer（service 依赖于 DNS 资源服务）。

④Ingress 七层负载均衡和反向代理资源。

6.4.4　Ingress

为什么需要 Ingress 呢？假如有 100 个服务，有登录、下单、会员、客户、销售、采购和办公等，访问者通过不同的 URL 来访问这些服务，这些服务下面又有水平扩展的 N 个 Service，那么访问如何到达这些 Service？这就需要 Ingress 来路由了。

Ingress 简单理解就是个规则定义，是授权入站连接到达集群服务的规则集合；比如某个域名对应某个 Service，即当某个域名的请求进来时转发给某个 Service；这个规则将与 Ingress Controller 结合，然后 Ingress Controller 将其动态写入负载均衡器配置中，从而实现整体的服务发现和负载均衡。

Kubernetes 没有自带 Ingress Controller，它只是一种标准，具体实现有多种方式，需要单独安装，常用的有 Nginx Ingress Controller 和 Traefik Ingress Controller。所以 Ingress 是一种转发规则的抽象，Ingress Controller 的实现需要根据这些 Ingress 规则来将请求转发到对应的 Service，方便大家理解，整理出的逻辑关系图如图 6-2 所示。

从图 6-2 可以看出，Ingress Controller 收到请求，匹配 Ingress 转发规则，匹配后就转发到后端 Service，而 Service 可能代表的后端 pod 有多个，选出一个转以发到 pod，最终由这个 pod 处理请求。

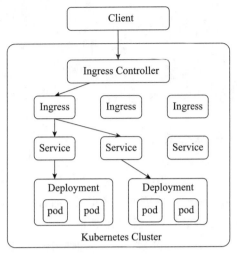

图6-2　逻辑关系图

怎么让 Ingress Controller 本身能够被外面访问到呢？有以下几种方式。

Ingress Controller 用 Deployment 方式部署，给它添加一个 Service，类型为 LoadBalancer，这样会自动生成一个 IP 地址，通过这个 IP 就能访问到了，并且这个 IP 一般是高可用的（前提是集群支持 LoadBalancer，通常云服务提供商才支持，自建集群一般没有）。使用集群内部的某个或某些节点作为边缘节点，给 node 添加 label 来标识，Ingress Controller 用 DaemonSet 方式部署，使用 nodeSelector 绑定到边缘节点，保证每个边缘节点启动一个 Ingress Controller 实例，用 hostPort 直接在这些边缘节点宿主机暴露端口，然后可以访问边缘节点中 Ingress Controller 暴露的端口，这样外部就可以访问到 Ingress Controller 了。

Ingress Controller 用 Deployment 方式部署，给它添加一个 Service，类型为 NodePort，部署完成后会给出一个端口，通过 kubectl get svc 可以查看这个端口，这个端口在集群的每个节点都可以被访问，通过访问集群节点的这个端口就可以访问 Ingress Controller 了。但是集群节点很多，端口不是 80 和 443，一般会在前面搭个负载均衡器，比如用 Nginx，将请求转发到集群各个节点的那个端口上，这样访问 Nginx 就相当于访问到 Ingress Controller 了。

创建一个 Ingress 规则例子，域名为 foo.bar.com，转发到 nginx-service service，代码如下：

```
# cat ingress01.yaml
apiVersion: extensions/v1beta1
kind: Ingress
metadata:
  name: simple-fanout-example
  annotations:
    nginx.ingress.kubernetes.io/rewrite-target: /
spec:
  rules:
  - host: foo.bar.com
```

```
http:
  paths:
  - path: /
    backend:
      serviceName: nginx-service
      servicePort: 80
```

6.4.5　K8S 外部到内部通信流程

K8S 集群中的三种 IP（NodeIP、PodIP、ClusterIP）如下。

- NodeIP：node 节点的 IP 地址，即物理机（虚拟机）的 IP 地址。
- PodIP：pod 的 IP 地址，即 Docker 容器的 IP 地址，此为虚拟 IP 地址。
- ClusterIP：K8S 虚拟的 Service 的 IP 地址，此为虚拟 IP 地址。

（1）Node IP

物理机的 IP（或虚拟机 IP）。每个 Service 都会在 Node 节点上开通一个端口，外部可以通过 http://NodeIP:NodePort，即可访问 Service 里的 pod 提供的服务。

（2）Pod IP

每个 pod 的 IP 地址由 Docker Engine 根据 Docker 网桥的 IP 地址段进行分配，通常是一个虚拟的二层网络。与 Service 下的 pod 可以直接根据 PodIP 相互通信；不同 Service 下的 pod 在集群间 pod 通信要借助 cluster ip；pod 和集群外通信要借助 node ip。

（3）Cluster IP

它是 Service 的 IP 地址，此为虚拟 IP 地址，外部网络无法 ping 通，只有 Kubernetes 集群内部访问使用。Cluster IP 仅仅作用于 Kubernetes Service 这个对象，并由 Kubernetes 管理和分配 IP 地址 Cluster。IP 无法被 ping，他没有一个"实体网络对象"来响应 Cluster IP，只能结合 Service。

Port 组成一个具体的通信端口，单独的 Cluster IP 不具备通信的基础，并且他们属于 Kubernetes 集群这样一个封闭的空间。在不同 Service 下的 pod 节点在集群间相互访问可以通过 Cluster IP。K8S 从外部到内部访问的流程图如图 6-3 所示。

flannel 网络模型如下。

（1）容器网卡是通过 Docker0 桥接到 Flannel0 网卡，而每个 host 对应的 Flannel0 网段为 10.1.x.[1-255]/24，而 Flannel 所组成的一个跨 host 的网段为 10.1.x.x/16，而 Flannel0 则为 flannel 进程虚拟出来的网卡。

（2）Docker0 的地址是由 /run/flannel/subnet.env 的 FLANNEL_SUBNET 参数决定的。在启动 Flannel 的同时会产生一个通过 Flannel 生成的配置文件 subnet.env。

（3）跨接点容器之间通信流程：containerA --> docker0 --> flannel0 --> NodeA --> （IP Address）--> NodeB --> flannel0 --> docker0 --> containerB。

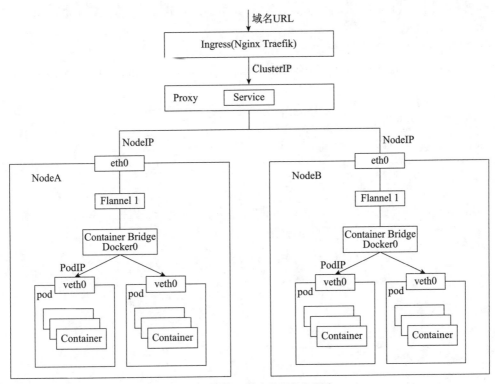

图6-3　从外部到内部访问的流程图

详细步骤如下。

（1）容器 A 向容器 B 请求数据，首先通过路由规则将数据发往 Docker0，Docker0 接收到数据后通过路由规则将数据包转交给本节点的 Flannel0 处理。

（2）Flannel0 将数据进行封装并发给宿主机的 eth0，然后走 TCP 协议转发给 containerB 所在的宿主机。

（3）containerB 所在的宿主机接收到数据后，根据路由规则转发给 Flannel0。

（4）Flannel0 再次根据路由协议将数据包发送给 Docker0。

（5）最后数据包到达 containerB，完成容器之间的数据通信。

6.4.6　安装 K8S

首先配置国内 yum 源，代码如下：

```
yum install -y wget

mkdir /etc/yum.repos.d/bak && mv /etc/yum.repos.d/*.repo /etc/yum.repos.d/bak

wget -O /etc/yum.repos.d/CentOS-Base.repo http://mirrors.aliyun.com/repo/Centos-7.repo
```

```
wget -O /etc/yum.repos.d/epel.repo http://mirrors.aliyun.com/repo/epel-7.repo

yum clean all && yum makecache
```

配置国内 Kubernetes 源，如果不配置则无法执行 yum install -y kubelet kubeadm kubectl，代码如下：

```
cat <<EOF > /etc/yum.repos.d/kubernetes.repo

[kubernetes]

name=Kubernetes

baseurl=https://mirrors.aliyun.com/kubernetes/yum/repos/kubernetes-el7-x86_64/

enabled=1

gpgcheck=1

repo_gpgcheck=1

gpgkey=https://mirrors.aliyun.com/kubernetes/yum/doc/yum-key.gpg
https://mirrors.aliyun.com/kubernetes/yum/doc/rpm-package-key.gpg
EOF
```

配置 Docker 源：

```
wget https://mirrors.aliyun.com/docker-ce/linux/centos/docker-ce.repo -O /etc/yum.
repos.d/docker-ce.repo
```

（1）需要先关闭防火墙、SeLinux 以及 swap。关闭防火墙是为了暴露 K8S 需要用到的端口，SeLinux 的主要作用是最大限度地减小系统中服务进程可访问的资源（最小权限原则）。避免 K8S 进程受到管制导致未知的问题所以关闭它。swap 是指一个交换分区或文件，关闭 swap 主要是为了性能考虑。

①关闭防火墙

systemctl stop firewalld：停止防火墙

systemctl disable firewalld：开机不启动防火墙

systemctl status firewalld：查看防火墙状态是否关闭

②关闭 SELinux

setenforce 0：临时禁用

vi /etc/selinux/config：永久禁用

SELINUX=disabled

③关闭 swap

swapoff -a：临时关闭

（2）每个节点修改 k8s.conf 文件，代码如下：

```
cat <<EOF >  /etc/sysctl.d/k8s.conf
net.bridge.bridge-nf-call-ip6tables = 1
net.bridge.bridge-nf-call-iptables = 1
EOF
sysctl -system
```

（3）安装 docker。

①假如之前安装过 Docker，可以先卸载之前的 Docker 以及依赖：

```
sudo yum remove docker \
               docker-client \
               docker-client-latest \
               docker-common \
               docker-latest \
               docker-latest-logrotate \
               docker-logrotate \
               docker-selinux \
               docker-engine-selinux \
               docker-engine
```

② 安装必需的包。yum-utils 提供了 yum-config-manager 实用程序，且 device-mapper-persistent-data 和 lvm2 需要 devicemapper 存储驱动程序，代码如下：

```
sudo yum install -y yum-utils \
    device-mapper-persistent-data \
    lvm2
```

③使用以下命令设置稳定存储库。我们始终需要稳定的存储库，代码如下：

```
sudo yum-config-manager \
    --add-repo \
    https://download.docker.com/linux/centos/docker-ce.repo
```

④查看 Docker 版本列表确定需要安装的版本：

```
yum list docker-ce --showduplicates | sort -r
```

⑤选择需要的 Docker 版本，一般选择稳定的版本：

```
sudo yum install docker-ce-18.06.3.ce
```

⑥安装成功后，开启 Docker：

- systemctl start docker：开启 Docker。
- systemctl status docker：查看 Docker 版本。

Docker 就安装成功了。

（4）开始 K8S 的安装。这里可以先修改一下主机名：

```
hostnamectl set-hostname k8s-master      // 名字可以随意定，表示大致意思就可以。
```

先修改安装源（下载会快很多）：

```
cat <<EOF > /etc/yum.repos.d/kubernetes.repo
[kubernetes]
name=Kubernetes
baseurl=https://mirrors.aliyun.com/kubernetes/yum/repos/kubernetes-el7-x86_64/
enabled=1
gpgcheck=1
repo_gpgcheck=1
gpgkey=https://mirrors.aliyun.com/kubernetes/yum/doc/yum-key.gpg
https://mirrors.aliyun.com/kubernetes/yum/doc/rpm-package-key.gpg
EOF
```

开始安装：

```
yum install -y kubelet kubeadm kubect
systemctl enable kubelet
systemctl start kubelet
```

注意 kubelet 是无法启动的，在 master 节点初始化之前是无法启动的。

接着初始化 master 节点（注意这里以后的步骤子节点不需安装）：

```
kubeadm init --kubernetes-version=1.18.0 \
--apiserver-advertise-address=192.168.1.72 \
--image-repository registry.aliyuncs.com/google_containers \
--service-cidr=10.1.0.0/16 \
--pod-network-cidr=10.244.0.0/16

Kubeadm init --kubernetes-version=1.18.0 --apiserver-advertise-address=192.168.1.72
--image-repository registry.aliyuncs.com/google_containers --service-
cidr=10.1.0.0/16 --pod-network-cidr=10.244.0.0/16
```

解释：

–kubernetes-version：用于指定 K8S 版本；

–apiserver-advertise-address：用于指定 kube-apiserver 监听的 IP 地址，就是 master 本机 IP 地址；

–pod-network-cidr：用于指定 pod 的网络范围，10.244.0.0/16；

–service-cidr：用于指定 SVC 的网络范围；

–image-repository：指定阿里云镜像仓库地址。

Flags 选项介绍：

▲ –apiserver-advertise-address string

API 服务器所公布的其正在监听的 IP 地址。如果未设置，则使用默认网络接口。

▲ –apiserver-bind-port int32

默认值：6443，API 服务器绑定的端口。

▲ –apiserver-cert-extra-sans stringSlice

用于 API Server 服务证书的可选附加主题备用名称（SAN）。可以是 IP 地址和 DNS 名称。

▲ –cert-dir string

默认值：/etc/kubernetes/pki，保存和存储证书的路径。

▲ –certificate-key string

用于加密 kubeadm-certs Secret 中的控制平面证书的密钥。

▲ –config string

kubeadm 配置文件的路径。

▲ –control-plane-endpoint string

为控制平面指定一个稳定的 IP 地址或 DNS 名称。

▲ –cri-socket string

要连接的 CRI 套接字的路径。如果为空，则 kubeadm 将尝试自动检测此值；仅当安装了多个 CRI 或具有非标准 CRI 插槽时，才使用此选项。

▲ –dry-run

不要应用任何更改；只输出将要执行的操作。

▲ –experimental-patches string

包含名为 target[suffix][+patchtype].extension 的文件的目录路径。比如，kube-apiserver0+merge.yaml 或仅仅是 etcd.json。patchtype 可以是 strategic、merge 或 json 之一，并且它们与 kubectl 支持的补丁格式匹配。默认的 patchtype 为 strategic；extension 必须为 json 或 yaml。suffix 是一个可选字符串，可用于确定先按字母顺序应用哪些补丁。

▲ –feature-gates string

一组用来描述各种功能特性的键值（key=value）对。选项是：IPv6DualStack=true|false（ALPHA - default=false）。

▲ –h，--help

init 操作的帮助命令。

▲ –ignore-preflight-errors stringSlice

错误将显示为警告的检查列表；比如 IsPrivilegedUser，Swap。取值为 all 时将忽略检查中的所有错误。

▲ –image-repository string

默认值：k8s.gcr.io，选择用于拉取控制平面镜像的容器仓库

▲ –kubernetes-version string

默认值：stable-1，为控制平面选择一个特定的 Kubernetes 版本。

▲ –node-name string

指定节点的名称。

▲ –pod-network-cidr string

指明 pod 网络可以使用的 IP 地址段。如果设置了这个参数，控制平面将会为每一个节点自动分配 CIDRs。

▲ –service-cidr string

默认值：10.96.0.0/12，为服务的虚拟 IP 地址另外指定 IP 地址段

▲ –service-dns-domain string

默认值：cluster.local，为服务另外指定域名，比如 myorg.internal。

▲ –skip-certificate-key-print

不要打印用于加密控制平面证书的密钥。

▲ –skip-phases stringSlice

要跳过的阶段列表

▲ –skip-token-print

跳过打印 kubeadm init 生成的默认引导令牌。

▲ –token string

这个令牌用于建立控制平面节点与工作节点间的双向通信。格式为 [a-z0-9]{6}\.[a-z0-9]{16}，比如 abcdef.0123456789abcdef。

▲ –token-ttl duration

默认值：24h0m0s，令牌被自动删除之前的持续时间（例如 1 s、2 m、3 h）。如果设置为 0，则令牌将永不过期。

▲ –upload-certs

将控制平面证书上传到 kubeadm-certs Secret。

这里指定阿里云镜像仓库是因为国外的云无法访问。这里还需要注意的是等待的时间比较久，大约四五分钟。之后可以看到以下输出：

```
Your Kubernetes control-plane has initialized successfully!

To start using your cluster, you need to run the following as a regular user:

    mkdir -p $HOME/.kube
    sudo cp -i /etc/kubernetes/admin.conf $HOME/.kube/config
    sudo chown $(id -u):$(id -g) $HOME/.kube/config

You should now deploy a pod network to the cluster.
Run "kubectl apply -f [podnetwork].yaml" with one of the options listed at:
    https://kubernetes.io/docs/concepts/cluster-administration/addons/

Then you can join any number of worker nodes by running the following on each as root:
```

```
kubeadm join 192.168.1.72:6443 --token 5pj8q7.iebzroyk1o42cwto \
    --discovery-token-ca cert-hash
sha256:974f11801aeaa2db3809370efe91900f5fc449517a47cf08bb23b1d0e50dcc10
```

这样就成功了，继续下一步。如果出现 "[ERROR Port-10259] : Port 10259 is in use" 就执行：kubeadm reset。

配置 kubectl 工具以便使用（后面子节点也需要用到）：

```
mkdir -p $HOME/.kube
sudo cp -i /etc/kubernetes/admin.conf $HOME/.kube/config
sudo chown $(id -u):$(id -g) $HOME/.kube/config
```

安装 calico（Calico 是一个纯三层的协议，为 OpenStack 虚拟机和 Docker 容器提供多主机间的通信）：

```
mkdir k8s
cd k8s
wget
https://docs.projectcalico.org/v3.10/getting-started/kubernetes/installation/
hosted/kubernetes-datastore/calico-networking/1.7/calico.yaml

## 将 192.168.0.0/16 修改 ip 地址为 10.244.0.0/16
sed -i 's/192.168.0.0/10.244.0.0/g' calico.yaml

kubectl apply -f calico.yaml
```

主节点就安装成功了：

```
systemctl enable kubelet
hostnamectl set-hostname k8s-node1
```

名字可以随意定，表示大致意思就可以。然后和上面一样，关闭防火墙等，安装 Docker，安装 K8S，直到初始化 master 上面的步骤，这个时候就可以把根节点加入主节点中：

```
docker pull calico/node:v3.10.3
```

等几分钟就发现 node 状态已准备好。这个时候我们可以在子节点机器查看一下节点：

```
kubectl get nodes
```

此时又发现错误：

```
The connection to the server localhost:8080 was refused - did you specify the right
host or port?
```

需要输入：

```
mkdir -p $HOME/.kube
    sudo cp -i /etc/kubernetes/admin.conf $HOME/.kube/config
    sudo chown $(id -u):$(id -g) $HOME/.kube/config
```

然后重新执行一下。

获取所有节点：

```
[root@master k8s]# kubectl get nodes
NAME         STATUS    ROLES      AGE     VERSION
k8s-node03   Ready     <none>     79m     v1.18.5
k8s-node04   Ready     <none>     78m     v1.18.5
master       Ready     master     112m    v1.18.5
```

这里发现节点 node1 的角色是 none，这个时候需要设置一下节点 node1 的角色：

```
kubectl label node node1 node-role.kubernetes.io/node=node
kubectl label node node2 node-role.kubernetes.io/node=node
```

然后节点的角色变成 node，那么主从节点的安装就成功了。

6.4.7 安装 K8S dashboard

（1）执行：

```
kubectl apply -f https://raw.githubusercontent.com/kubernetes/dashboard/v2.0.4/aio/
deploy/recommended.yaml
```

（2）查看，成功创建：

```
[root@master ~]# kubectl get pods --all-namespaces
NAMESPACE              NAME                                            READY   STATUS           RESTARTS   AGE
default                nginx-deployment-674ff86d-nxnc4                 0/1     Pending          0          53d
default                nginx-deployment2-57796d7dff-g4h77              0/1     Pending          0          43d
default                nginx-deployment2-57796d7dff-rnkx8              0/1     Pending          0          43d
default                nginx-deployment2-57796d7dff-thddg              0/1     Pending          0          43d
dev                    productmanage-fccb76577-d2xkz                   0/1     Pending          0          40d
dev                    productmanage-fccb76577-dmmtv                   0/1     Pending          0          40d
dev                    productmanage-fccb76577-zbkmc                   0/1     Pending          0          40d
kube-system            calico-kube-controllers-57546b46d6-vknxs        1/1     Running          6          104d
kube-system            calico-node-98g5p                               0/1     CrashLoopBackOff 5          104d
kube-system            calico-node-gmbdr                               0/1     Running          0          104d
kube-system            calico-node-w6zb2                               1/1     Running          0          104d
kube-system            coredns-7ff77c879f-nz4tt                        1/1     Running          6          104d
kube-system            coredns-7ff77c879f-zfvws                        1/1     Running          6          104d
kube-system            etcd-master                                     1/1     Running          6          104d
kube-system            kube-apiserver-master                           1/1     Running          6          104d
kube-system            kube-controller-manager-master                  1/1     Running          6          104d
kube-system            kube-proxy-54cpm                                1/1     Running          0          104d
kube-system            kube-proxy-55nbq                                1/1     Running          6          104d
kube-system            kube-proxy-qdr9x                                1/1     Running          6          104d
kube-system            kube-scheduler-master                           1/1     Running          6          104d
kubernetes-dashboard   dashboard-metrics-scraper-6b4884c9d5-wj8cl      1/1     Running          0          19m
kubernetes-dashboard   kubernetes-dashboard-7d8574ffd9-c8dqw           1/1     Running          0          19m
[root@master ~]#
```

（3）删除现有的 dashboard 服务，dashboard 服务的 namespace 是 kubernetes-dashboard，但是该服务的类型是 ClusterIP，不便于通过浏览器访问，因此需要改成 NodePort 型：

```
[root@master ~]# # 查看 现有的服务
[root@master ~]# kubectl get svc --all-namespaces
NAMESPACE              NAME                          TYPE        CLUSTER-IP      EXTERNAL-IP   PORT(S)                    AGE
default                kubernetes                    ClusterIP   10.1.0.1        <none>        443/TCP                    104d
kube-system            kube-dns                      ClusterIP   10.1.0.10       <none>        53/UDP,53/TCP,9153/TCP     104d
kubernetes-dashboard   dashboard-metrics-scraper     ClusterIP   10.1.238.107    <none>        8000/TCP                   23m
kubernetes-dashboard   kubernetes-dashboard          NodePort    10.1.146.71     <none>        443:30484/TCP              19m
[root@master ~]#
```

删除现有服务：

```
kubectl delete service kubernetes-dashboard--namespace=kubernetes-dashboard
```

执行后提示：

```
service "kubernetes-dashboard" deleted
```

（4）创建配置文件

```
vim dashboard-svc.yaml

# 内容
kind: Service
apiVersion: v1
metadata:
  labels:
    k8s-app: kubernetes-dashboard
  name: kubernetes-dashboard
  namespace: kubernetes-dashboard
spec:
  type: NodePort
  ports:
   - port: 443
     targetPort: 8443
  selector:
    k8s-app: kubernetes-dashboard


# 执行
kubectl apply -f dashboard-svc.yaml
```

（5）再次查看服务，成功：

```
[root@master ~]# kubectl get svc --all-namespaces
NAMESPACE              NAME                          TYPE        CLUSTER-IP      EXTERNAL-IP   PORT(S)                    AGE
default                kubernetes                    ClusterIP   10.1.0.1        <none>        443/TCP                    105d
kube-system            kube-dns                      ClusterIP   10.1.0.10       <none>        53/UDP,53/TCP,9153/TCP     105d
kubernetes-dashboard   dashboard-metrics-scraper     ClusterIP   10.1.238.107    <none>        8000/TCP                   30m
kubernetes-dashboard   kubernetes-dashboard          NodePort    10.1.146.71     <none>        443:30484/TCP              27m
[root@master ~]#
```

可以看到 NodePort 的端口是 30484，后面访问 dashboard 时会用到。

（6）想要访问 dashboard 服务，就要有访问权限，创建 kubernetes-dashboard 管理员角色：

```
vim dashboard-svc-account.yaml
```

```
# 结果
apiVersion: v1
kind: ServiceAccount
metadata:
  name: dashboard-admin
  namespace: kube-system
---
kind: ClusterRoleBinding
apiVersion: rbac.authorization.k8s.io/v1beta1
metadata:
  name: dashboard-admin
subjects:
  - kind: ServiceAccount
    name: dashboard-admin
    namespace: kube-system
roleRef:
  kind: ClusterRole
  name: cluster-admin
  apiGroup: rbac.authorization.k8s.io


# 执行
kubectl apply -f dashboard-svc-account.yaml
```

（7）获取 token：

```
kubectl get secret -n kube-system |grep admin|awk '{print $1}'
```

执行后会提示 dashboard-admin-token-4zlwb 之类的名称，不同的机器名称不同。复制名称并替换 dashboard-admin-token-4zlwb，然后执行：

```
kubectl describe secret dashboard-admin-token-4zlwb -n kube-system|grep '^token'|awk '{print $2}'
```

可见输出：

[root@master ~]# kubectl describe secret dashboard-admin-token-4zlwb -n kube-system|grep '^token'|awk '{print $2}'
eyJhbGciOiJSUzI1NiIsImtpZCI6IjlncXNxRzB6MkljWDhnRzBCS1NyOFQ5RmJOWGlPS2d0QWNSRHE2bDFDREkifQ.eyJpc3MiOiJrdWJlcm5ldGVzL3NlcnZpY2VhY2NvdW50Iiwia2...

复制 token，后面登录时会用到。

（8）访问 https://192.168.1.72:30484/，30484 端口是（5）中查看的 Nodeport 端口，会出现如图 6-4 所示界面。

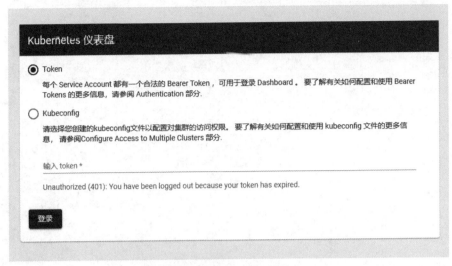

图6-4　Nodeport端口界面

粘贴 token 后登录出现 dashboard 界面，如图 6-5 所示，可以在里面自由地操作。

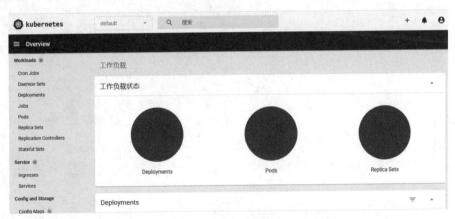

图6-5　dashboard界面

6.5　kubernetes K8S 部署应用

部署需要配置 Deployment 和 service。先创建一个 namespace：

```
apiVersion: v1
kind: Namespace
metadata:
  name: dev
  labels:
    name: dev
```

```
# 编写 Deployment

apiVersion: apps/v1
kind: Deployment
metadata:
  name: productmanage
  namespace: dev
spec:
  replicas: 3
# 副本的数量
  selector:
    matchLabels:
      app: productmanage
  template:
    metadata:
      namespace: dev
      labels:
        app: productmanage
    spec:
      containers:
        - name: productmanage
          image: productmanage:latest
          ports:
          - name: http
            containerPort: 8090

    # 这里 containerPort 是容器内部的 port targetPort 映射到 containerPort
    # 创建：kubectl apply -f deployment.yaml
```

编写 service 文件：

```
apiVersion: v1
kind: Service
metadata:
  name: productmanage
  namespace: dev
spec:
  type: NodePort
  selector:
    app: productmanage
    release: stabel
  ports:
  - name: http
    port: 8090
    targetPort: 8091
```

```
nodePort: 30080
```

（1）NodePort 模式

Kubernetes 具有强大的副本控制能力，能保证在任意副本（pod）挂掉时自动从其他机器启动一个新的，还可以动态扩容等。总之，这个 pod 可能在任何时刻出现在任何节点上，也可能在任何时刻死在任何节点上；那么随着 pod 的创建和销毁，pod IP 会动态地变化；如何把这个动态的 pod IP 暴露出去呢？这里借助 Kubernetes 的 Service 机制，Service 可以以标签的形式选定一组带有指定标签的 pod，并监控和自动负载他们的 pod IP，那么我们向外暴露只暴露 Service IP 就可以了；这就是 NodePort 模式：即在每个节点上开启一个端口，然后转发到内部 pod IP 上。

（2）port

port 是 K8S 集群内部访问 Service 的端口，即通过 clusterIP：port 可以访问到某个 Service。

（3）nodePort

nodePort 是外部访问 K8S 集群 Service 的端口，通过 nodeIP：nodePort 可以从外部访问到某个 Service。

（4）targetPort

targetPort 是 pod 的端口，从 port 和 nodePort 来的流量经过 kube-proxy 流入到后端 pod 的 targetPort 上，最后进入容器。

（5）containerPort

containerPort 是 pod 内部容器的端口，targetPort 映射到 containerPort。

相关图解如图 6-6 所示。

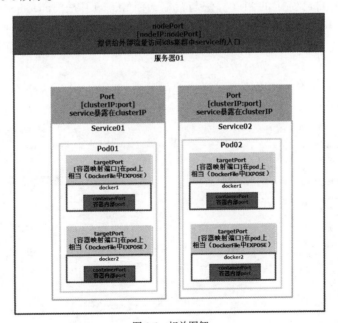

图6-6 相关图解

```
# 创建 svc: kubectl apply -f svc-nodePort.yaml
# kubectl get pod -n kube-system  获取 pod
# kubectl describe po calico-node-m6442
# kubectl describe pod -n kube-system  xxx 查看 pod
```

这样就可以通过 nodePort 访问了。副本之间自动均衡负载，可以动态地增加副本，达到动态扩展性能的目的。

Service 服务是一个虚拟概念，逻辑上代理后端 pod。而 pod 生命周期短，状态不稳定，pod 异常后新生成的 pod IP 会发生变化，之前 pod 的访问方式均不可达。通过 Service 对 pod 做代理，Service 有固定的 IP 和 port，IP：port 组合自动关联后端 pod，即使 pod 发生改变，Kubernetes 内部也会更新这组关联关系，使 Service 能够匹配到新的 pod。这样，通过 Service 提供的固定 IP，用户不用再关心需要访问哪个 pod 以及 pod 是否发生改变，大大提高了服务质量。

如果 pod 使用 rc 创建了多个副本，那么 Service 就能代理多个相同的 pod，通过 kube-proxy，实现负载均衡。这个 service 代理了所有具有 app：productmanage 标签的 pod，服务对外端口是 8090，服务 IP（clusterip）在创建 Service 时生成，也可以被指定，这组 IP：port 在 Service 的周期里保持固定。访问 IP：port 的流量会被重定向到后端 pod 的 8091 端口上，就是 targetport 指定的。每个节点都有一个组件 kube-proxy，实际上是为 Service 服务的，通过 kube-proxy，实现流量从 Service 到 pod 的转发，kube-proxy 也可以实现简单的负载均衡功能。

kube-proxy 代理模式为 userspace 方式，kube-proxy 在节点上为每一个服务创建一个临时端口，将 Service 的 IP 传过来的流量转发到这个临时端口上，kube-proxy 会用内部的负载均衡机制（轮询）选择一个后端 pod，然后建立 iptables 并把流量导入到 pod 中。

Kubernetes 有着自己特定的调度算法与策略，由 Master 中的 Scheduler 组件来实现，根据 Node 资源使用情况自动调度 pod 的创建，通常可以满足我们大部分的需求。但是有时希望可以将某些 pod 调度到特定硬件节点上，这里采用目前最为简单的 nodeName 和 nodeSelector 来实现 pod 调度。

Pod.spec.nodeName 将 Pod 直接调度到指定的 Node 节点上，会跳过 Scheduler 的调度策略，该匹配规则是强制匹配：

```
apiVersion: apps/v1
kind: Deployment
metadata:
  name: productmanage
  namespace: dev
spec:
  replicas: 3
 # 副本的数量
  selector:
    matchLabels:
      app: productmanage
  template:
```

```
    metadata:
      namespace: dev
      labels:
        app: productmanage
spec:
  nodeSelector: node1 # 直接通过节点名称调度到指定节点
      containers:
        - name: productmanage
          image: productmanage:latest
          ports:
          - name: http
            containerPort: 8090
```

Pod.spec.nodeSelector 通过 Kubernetes 的 label-selector 机制选择节点，由调度器调度策略匹配 label，而后调度 pod 到目标节点，该匹配规则属于强制约束。

设置 Node Lable：

```
kubectl label nodes node1 type=backEndNode1

apiVersion: apps/v1
kind: Deployment
metadata:
  name: productmanage
  namespace: dev
spec:
  replicas: 3
 # 副本的数量
  selector:
    matchLabels:
      app: productmanage
  template:
    metadata:
      namespace: dev
      labels:
        app: productmanage
spec:
nodeSelector:
        type: backEndNode1              # 直接通过节点名称调度到指定节点
  containers:
        - name: productmanage
          image: productmanage:latest
          ports:
          - name: http
            containerPort: 8090
```

第 7 章　微服务中的分布式数据库

7.1　ETCD 介绍

ETCD 是一个可靠 key-value 存储的分布式系统。当然，它不仅仅用于存储，还提供共享配置及服务发现（Service Discovery）。ETCD 用于服务发现的应用场景比较多，服务发现要解决的是分布式系统中最常见的问题之一，即在同一个分布式集群中的进程或服务如何才能找到对方并建立连接。与 Zookeeper 类似，ETCD 有很多使用场景，包括配置管理、服务注册发现、选主、应用调度、分布式队列和分布式锁。

ETCD 使用 Raft 协议来维护集群内各个节点状态的一致性。简单地说，ETCD 集群是一个分布式系统，由多个节点相互通信构成整体对外服务，每个节点都存储了完整的数据，并且通过 Raft 协议保证每个节点维护的数据是一致的。每个 ETCD 节点都维护了一个状态机，并且在任意时刻至多存在一个有效的主节点。主节点处理所有来自客户端写操作，通过 Raft 协议保证写操作对状态机的改动会可靠地同步到其他节点。按照官网给出的数据，在 2CPU、1.8G 内存和 SSD 磁盘这样的配置下，单节点的写性能可以达到 16K QPS，而先写后读也能达到 12K QPS，这个性能相当可观。

7.2　Consul 介绍

Consul 是一个服务管理软件。支持多数据中心下，分布式高可用的，支持服务发现和配置共享。采用 Raft 算法用来保证服务的高可用。

与 ETCD 不同的是 Consul 提供了一套 Web 管理界面，可以方便地管理配置服务。回到应用层面上来说，Consul 更像是一个 full stack 的解决方案，它不仅提供了一致性 k/v 存储，还封装了服务发现、健康检查以及内置了 DNS Server。比 ETCD 多了很多东西，但是不如 ETCD 灵活简单。

7.3　分布式一致性 Raft 算法

ETCD 和 Consul 的数据一致性算法都采用 Raft 实现。Raft 算法在目前的区块链和分布式项目、分布式数据库中有着广泛的应用。

7.3.1　分布式一致性问题

如果说服务器只有一个节点，那么要保证一致性没有任何问题，因为所有读写都在一个节点上发生。但如果 Server 端有 2 个、3 个甚至更多节点，要怎么达成一致性呢？下面就来介绍其中一种分布式共识算法——Raft 算法。

7.3.2　Raft 是什么

在讲 Raft 前，有必要提一下 Paxos 算法，Paxos 算法是 Leslie Lamport 于 1990 年提出的基于消息传递的一致性算法。然而由于算法难以理解，刚开始并没有受到很多人的重视。其后，作者 1998 年在 ACM 上正式发表此算法，然而由于算法难以理解还是没有得到重视。而作者之后用更容易接受的方法重新发表了一篇论文 *Paxos Made Simple*。

可见，Paxos 算法有多难理解，即便是现在，依然有很多学习者反馈 Paxos 算法难以理解。同时，Paxos 算法在实际应用实现时也是比较困难的。这也是为什么会有 Raft 算法的提出。

Raft 是实现分布式共识的一种算法，主要用来管理日志复制的一致性。它和 Paxos 的功能一样，但是相比于 Paxos，Raft 算法更容易理解也更容易应用到实际的系统中。而 Raft 算法也是联盟链（备注：区块链分为公有链、联盟链和私有链）采用比较多的共识算法。

7.3.3　Raft 的三种状态（角色）

● Follower（群众）：被动接收 Leader 发送的请求，所有的节点刚开始处于 Follower 状态。
● Candidate（候选人）：由 Follower 向 Leader 转换的中间状态。
● Leader（领导）：负责和客户端交互以及日志复制（日志复制是单向的，即 Leader 发送给 Follower），同一时刻最多只有 1 个 Leader 存在。

以下介绍几个关键概念。

1. 复制状态机

在一个分布式系统数据库中，如果每个节点的状态一致且都执行相同的命令序列，那他们最终将得到一个一致的状态。也就是说，为了保证整个分布式系统的一致性，我们需要保证每个节点执行相同的命令序列，也就是说每个节点的日志要保持一样。所以说，保证日志复制一致就是 Raft 等一致性算法的工作了。

这里就涉及复制状态机（Replicated State Machine），在一个节点上，一致性模块（Consensus Module，也就是分布式共识算法）接收到了来自客户端的命令。然后把接收到的命令写入日志，该节点和其他节点通过一致性模块进行通信确保每个日志最终包含相同的命令序列。一旦这些日志的命令被正确复制，每个节点的状态机（State Machine）都会按照相同的序列去执行他们，从而最终得到一致的状态。然后将达成共识的结果返回给客户端。

2. 任期概念

在分布式系统中，"时间同步"是一个很大的难题，因为每个机器可能由于所处的地理位置、机器环境等因素会导致时钟不一致，但是为了识别"过期信息"，时间信息必不可少。Raft算法中就采用任期（Term）的概念，将时间切分为一个个的 Term（同时每个节点自身也会维护本地 currentTerm），可以认为是逻辑上的时间。

每一任期的开始都像是一次领导人（Leader）选举，一位或多位候选人（Candidate）会尝试成为领导。如果一个人赢得选举，就会在该任期内担任领导人。在某些情况下，选票可能会被评分，有可能没有选出领导人（如 t3），那么将会开始另一任期，并且立刻开始下一次选举。Raft算法保证在一个任期内最少有一位领导人。

3. 心跳和超时机制

在 Raft 算法中，有两个超时机制（timeout）来控制领导人选举：一个是选举定时器（eletion timeout）：即 Follower 等待成为 Candidate 状态的等待时间，这个时间被随机设定为 150~300ms；另一个是心跳超时机制（headrbeat timeout）：在某个节点成为 Leader 后，它会发送 Append Entries 消息给其他节点，这些消息通过 heartbeat timeout 来传送，Follower 接收到 Leader 心跳包的同时也重置选举定时器。

7.3.4 Raft 的工作机制

Raft 算法可以分为以下 3 个步骤。

1. 领导人选举（Leader Election）

（1）一开始，所有节点都是以 Follower 角色启动，同时启动选举定时器（时间随机，降低冲突概率）。

（2）如果一个节点发现在选举定时器规定时间内一直没有收到 Leader 发送的心跳请求，则该节点就会成为候选人，并且一直处于该状态，直到下列三种情况之一发生：

- 该节点（Candidate）赢得选举。
- 其他节点赢得选举 。
- 一段时间后没有任何一台服务器赢得选举（进入下一轮 Term 的选举，并随机设置选举定时器时间）。

（3）然后这个候选人就会向其他节点发送投票请求（Request Vote），如果得到半数以上节点的同意，就成为 Leader。如果选举超时，还没有 Leader 选出，则进入下一任期，重新选举。

（4）完成 Leader 选举后，Leader 就会定时给其他节点发送心跳包（Heartbeat），告诉其他节点 Leader 还在运行，同时重置这些节点的选举定时器。

2. 日志复制（Log Replication）

（1）Client 向 Leader 提交指令（如 SET 5），Leader 收到命令后，将命令追加到本地日志中。此时，这个命令处于 uncommitted 状态，复制状态机不会执行该命令。

（2）接着，Leader 将命令（SET 5）并发复制给其他节点，并等待其他节点将命令写入日志中，如果此时有些节点失败或者比较慢，Leader 节点会一直重试，直到所有节点在日志中都保存了命令。然后，Leader 节点提交命令（即被状态机执行命令，这里是 SET 5），并将结果返回给 Client 节点。

（3）Leader 节点在提交命令后，下一次的心跳包中就带有通知其他节点提交命令的消息，其他节点收到 Leader 的消息后，就将命令应用到状态机中（State Machine），最终每个节点的日志都保持了一致性。

Leader 节点会记录已经提交的最大日志 index，之后后续的 heartbeat 和日志复制请求（Append Entries）都会带上这个值，这样其他节点就知道哪些命令已经提交了，就可以让状态机（State Machine）执行日志中的命令，使所有节点的状态机数据都保持一致。

下面来看一下在日志内容不一致的情况下，Raft 算法如何处理？

如果在一个分布式网络中，各个节点的日志状态如下。当 Leader 节点发送日志复制请求时，它会带着上一次日志记录的 index 和 term。此时 Leader 节点发送日志复制请求。A 节点收到 Leader 的请求后，对比 Leader 节点记录的上一个日志记录的 index 和 term，可以发现：自己的日志中不存在 index（leader）> index（A）term（leader）> currentTerm（A）这个命令，于是拒绝这个请求。此时，Leader 节点知道发生了不一致，于是递减 nextIndex，并重新给 A 节点发送日志复制请求，直到找到日志一致的地方为止。接着，把 Follower 节点的日志覆盖为 Leader 节点的日志内容。

也就是说，Raft 算法对于日志内容不一致的请求，会采取 Leader 节点的日志内容覆盖 Follower 节点的日志内容的做法，先找到两者日志记录第一次不一致的地方，然后一直覆盖到最新提交的命令位置。

3. 安全性

之前的内容讨论了 Raft 算法是如何进行领导选取和复制日志的。然而，到目前为止这个机制还不能保证每一个状态机能按照相同的顺序执行同样的指令。例如，当领导人提交了若干日志条目的同时一个追随者可能宕机了，之后它又被选为领导人然后用新的日志条目覆盖掉了旧的日志条目；最后，不同的状态机可能执行不同的命令序列。而 Raft 算法通过在领导人选举阶段增加一个限制来完善 Raft 算法。这个限制能保证在固定任期内，任何领导人都拥有之前任期提交的全部日志命令。Raft 算法通过投票的方式来阻止那些没有包含全部日志命令的节点赢得选举。

一个 Candidate 节点要赢得选举，就需要跟网络中的大部分节点通信，这意味着每一条已经提交的日志条目最少在其中一台服务器上出现。如果候选人的日志和大多数服务器上的日志一样新，那么它一定包含全部已经提交的日志条目。RequestVote RPC 实现了这个限制：这个 RPC 包括候选人的日志信息，如果它自己的日志比候选人的日志要新，那么它会拒绝候选人的投票请求。

那么，怎样判断两个节点日志内容比较新呢？其标准如下，Raft算法通过比较日志中最后一个命令的索引（index）和任期号（term）来判定哪一个日志内容比较新。如果两个日志的任期号不同，任期号大的日志内容更新；如果任期号相同，日志长的日志内容更新。

选举过程如图7-1所示。

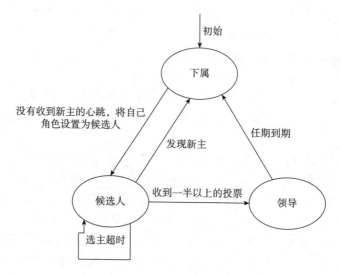

图7-1　选举过程

leader选举的过程：①增加任期号；②给自己投票；③重置选举超时计时器；④发送请求投票的RPC给其他节点。

第 8 章 微服务网关实例

8.1 Traefik

8.1.1 简介

Traefik 是一个云原生的新型 HTTP 反向代理、负载均衡软件，能轻易地部署微服务，它支持多种后端（Docker，Swarm，Mesos/Marathon，Consul，Etcd，Zookeeper，BoltDB，Rest API，file...），可以对配置进行自动化、动态的管理，如图 8-1 所示。

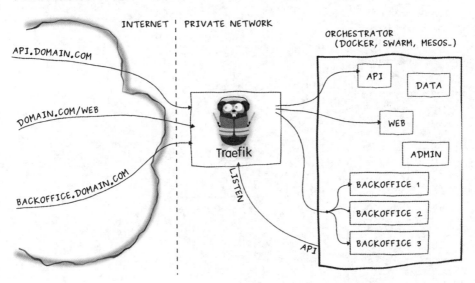

图 8-1　Traefik图解
（图片来自官网）

Traefik 的特性：它非常快，无须安装其他依赖，通过 Go 语言编写单一可执行文件；支持 Rest API；多种后台支持：Docker、Swarm、Kubernetes、Marathon、Mesos、Consul 和 Etcd 等，并且还有更多的后台监控，可以监听后台变化进而自动化应用新的配置文件设置；配置文件热更新，无须重启进程；正常结束 HTTP 连接；是后端断路器；轮询，rebalancer 负载均衡 Rest Metrics；支持最小化；官方 Docker 镜像；后台支持 SSL；前台支持 SSL（包括 SNI）；清爽的 AngularJS 前端页面；支持 Websocket；支持 HTTP/2；网络错误重试；支持 Let's Encrypt（自动更新 HTTPS 证书）；高可用集群模式。

8.1.2 Traefik v2 通过 ETCD 配置运行

1. 配置入口

新建一个 traefik.etcd.toml 文件内容如下：

```
[log]
level = "ERROR"
# 配置入口
[entryPoints]
  #entryPoint.xxx    xxx 是自定义的名称
  [entryPoints.http]
    address = ":80"
  [entryPoints.https]
    address = ":443"
  [entryPoints.traefik]
    address = ":8090"
  [entryPoints.app]
    address = ":8098"
  [entryPoints.grpc]
    address = ":8097"
  [entryPoints.tcpproxy]
    address = ":8095"
  [providers]
  [providers.docker]
# Watch = true
exposedByDefault = false
# 配置路由信息从 ETCD 里面读取，可以通过插入 key value 配置路由信息
[providers.ETCD]
    rootKey = "traefik"
    endpoints = ["127.0.0.1:2379"]
[accessLog]
  filePath = "./access.log"
  format = "json"
[tracing]
    serviceName = "traefik"
[retry]
[api]
dashboard = true
```

```
insecure = true
#https 配置
[certificatesResolvers.sample.acme]
  email = "email@xxx.com"
  storage = "acme.json"
  [certificatesResolvers.sample.acme.httpChallenge]
    entryPoint = "http"
# 配置文件完毕
```

然后运行：

```
./traefik --configFile=traefik.etcd.toml
```

通过 kv 配置路由可以参考：https://docs.traefik.io/v2.2/routing/providers/kv/。

Traefik 的配置有动态配置和静态配置的区分，traefik.etcd.toml 是静态配置，配置入口信息和指定从哪里读取。动态配置的一些例子说明：前面是 key，后面是 value。配置分为路由（Routes）服务（Service）中间件（Middleware）三大部分。所有的配置可以参考：https://docs.traefik.io/v2.2/reference/dynamic-configuration/kv/。

下面选取一些主要的配置进行说明。

2. 配置路由

配置路由的 Key 是 traefik/http/routers/<router_name>/rule，其中 <router_name> 是可以自定义的名称：

```
traefik/http/routers/myrouter/rule Host('example.com')
```

配置 myrouter 的匹配规则：

- Headers('key', 'value') 根据 http header 的 key value 去配置响应的路由。
- HeadersRegexp('key', 'regexp') 根据 http header 的 key value 正则去配置响应的路由。
- Host('example.com', ...) 根据域名匹配路由。
- HostHeader('example.com', ...) 根据主机头匹配。
- HostRegexp('example.com', '{subdomain:[a-z]+}.example.com', ...) 正则匹配域名。
- Method('GET', ...) 根据请求方法匹配。
- Path('/path', '/articles/{cat:[a-z]+}/{id:[0-9]+}', ...) 根据请求路径匹配。
- PathPrefix('/api/') 比如这个如果请求路径包含 /api/ 就会转发到响应的服务。
- PathPrefix('/products/', '/articles/{cat:[a-z]+}/{id:[0-9]+}') 根据请求路径的前缀匹配。
- Query('foo=bar', 'bar=baz') 根据请求参数匹配。

配置路由对应的入口：

```
Traefik/http/routers/myrouter/entrypoints/0  http
```

其中 http 是入口名称，是在静态文件 toml 中配置的，可以随便起名：

```
traefik/http/routers/myrouter/service myservice
```

配置 myrouter 的服务，匹配到的请求路径会转发到这个服务：

```
traefik/http/routers/myrouter/middlewares/0 = myipwhitelist
```

配置路由的中间件，比如白名单。

3. 配置服务

下面说一下配置服务，前面配置的 rule 会转发到下面配置的服务中，服务一般是"IP+ 端口"。

配置 myservice 的 IP 地址：

```
Key= traefik/http/services/myservice/loadbalancer/servers/0/url
Value=http://<ip-server-1>:<port-server-1>/
Key= traefik/http/services/myservice/loadbalancer/servers/1/url
Value=http://<ip-server-2>:<port-server-2>/
```

配置权重：

```
traefik/http/services/myservice/weighted/services/<n>/name =xx
traefik/http/services/myservice/weighted/services/<n>/weight  =42
```

基于服务名称进行均衡负载。

4. 配置中间件

配置白名单进行拦截：

```
traefik/http/middlewares/myipwhitelist/ipwhitelist/sourcerange=127.0.0.1/32, 192.168.1.7
```

然后配置路由的中间件：

```
traefik/http/routers/myrouter/middlewares/0 = myipwhitelist 即可
```

打开 http://ip:8090/dashboard/#/，可以看到控制面板

8.1.3 Traefik v2 通过文件配置运行

如果不想配置 ETCD 配 kv，而只想简单地运行一下，在服务器不是很多，仅几台或者十几台的情况下，可以配置动态文件。文件分为静态文件和动态文件，路由信息变动较多的放在动态文件中。静态文件修改需要重启，而动态文件不需要重启。

静态文件如下：

```
traefik.file.toml

[log]
 level = "ERROR"
 [entryPoints.https]
  address = ":443"
 #这个端口用于 dashboard
 [entryPoints.traefik]
  address = ":8090"
```

```
# 配置 HTTP 路由用的端口
[entryPoints.app]
    address = ":8098"
# 配置 HTTPS 路由用的端口
[entryPoints.httpsweb]
    address = ":8097"
# 配置 TCP 路由用的端口
[entryPoints.tcpproxy]
    address = ":8095"
[providers]
 [providers.docker]
  exposedByDefault = false
 [Providers.File]
   filename = "dynamic_conf.toml"
   watch = true
[retry]
[api]
dashboard = true
insecure = true

# 自动 https 配置
[certificatesResolvers.myresolver.acme]
  email = "xxx@xxx.com"
  storage = "acme.json"
  [certificatesResolvers.myresolver.acme.httpChallenge]
entryPoint = "http"
```

动态文件如下：

```
dynamic_conf.toml
[http.routers]
  [http.routers.my-router]
    entryPoints = ["app"]
   # rule = "Path('/gw')"
   rule="PathPrefix('/')"
   # rule = "Host('traefik.io')"
   service = "my-service"
   # 路由
[http.routers.my-https-router]
    entryPoints = ["httpsweb"]
    rule = "Host('xxx.com') && PathPrefix('/')"
# 指定后端的服务
   service = "my-https-service"
   [http.routers.my-https-router.tls]
     certResolver = "myresolver"
   [[http.routers.routerbar.tls.domains]]
```

```
        main = "xxx.com"
        sans = ["*.xxx.com"]
     [http.routers.routerlogin]
     rule="PathPrefix('/dashboard')"
     service = "dashboard-service"
     entrypoints = ["traefik"]
     middlewares = ["dashboard_login"]
# 后端服务
[http.services]
# 后端服务名字叫 my-service
[http.services.my-service.loadBalancer]
    [[http.services.my-service.loadBalancer.servers]]
      url = "http://192.168.1.3:8096/"
[http.services.my-https-service.loadBalancer]
    [[http.services.my-https-service.loadBalancer.servers]]
      url = "https://xxxx.xxx.com/"
[http.services.dashboard-service.loadBalancer]
    [[http.services.dashboard-service.loadBalancer.servers]]
      url = "http://192.168.1.2:8090/dashboard/"
[tcp.routers]
  [tcp.routers.Router-1]
    entryPoints = ["tcpproxy"]
    rule = "HostSNI('traefik.io')"
    service = "my-tcp-service"
    [tcp.routers.Router-1.tls]
# 配置 TCP 路由示例；TCP 路由不支持中间件
[tcp.services]
  [tcp.services.my-tcp-service.loadBalancer]
    [[tcp.services.my-tcp-service.loadBalancer.servers]]
      address = "192.168.1.4:8095"
# 生成用户名密码：https://www.htaccesstools.com/htpasswd-generator/，配置 dashboard 的登
  录用户名密码
  [http.middlewares]
  [http.middlewares.dashboard_login.basicAuth]
    users = [
    "aaaaaa:$apr1$B4S3xLye$MGYye.cRpOPgitLtKaCoD1",
    "bbbbbb:$apr1$E4Bu1ruS$NMitHx4pR3kVdWDBow3JS/",
    ]
```

然后运行：

```
//traefik --configFile=traefik.file.toml
```

打开 http://ip:8090/dashboard/#/，可以看到控制面板。

8.2 Fabio

Fabio 是一个快速、现代、零配置、负载均衡、HTTP(S) 路由器，用干部署 consul 管理的微服务。支持 HTTP、HTTPS、TCP 和 GRPC 代理。Fabio 由 eBay Classifieds Group 开发，所有的流量都经过 Fabio，每秒有数千个请求，分发于数个 Fabio 实例。但目前并没有观察到任何延迟。相关项目地址：https://github.com/fabiolb/fabio。

其特性如下。

● Go 语言单一二进制，没有额外的依赖。

● 零配置。

● 通过后台观察器热重载路由表。

● 轮转和随机分布。

● Traffic Shaping (send 5% of traffic to new instances)。

● Graphite metrics（监控业务系统）。

● 请求跟踪。

● WebUI。

● 快速。

● 支持 SSL 客户端证书身份认证 (see proxy.addr in fabio.properties)。

● X-Forwarded-For and Forwarded header support。

● 支持 Websocket（实验性）。

其功能列表如下。

● 访问日志：可自定义的访问日志。

● 访问控制：特定于路由的访问控制。

● 证书存储：动态证书存储，例如文件系统、HTTP 服务器、Consul 和保管库。

● 压缩：HTTP 响应的 GZIP 压缩。

● Docker 支持：官方 Docker 映像，注册器和 Docker Compose 示例。

● 动态重装：路由表的热重装不会停机。

● 正常关机：等待请求完成后再关机。

● HTTP 标头支持：将一些 HTTP 标头注入上游请求。

● HTTPS 上游：将请求转发到 HTTPS 上游服务器。

● 指标支持：支持 Graphite、StatsD 、DataDog 和 Circonus。

● PROXY 协议支持：支持 HA 代理，PROXY 协议用于入站请求（用于 Amazon ELB）。

● 路径剥离：从传入请求中剥离前缀路径。

● 服务器发送事件 / SSE：支持服务器发送事件 / SSE。

● TCP 代理支持：原始 TCP 代理支持。

● TCP-SNI 代理支持：基于主机名转发 TLS 连接，无须重新加密。

流量调整：在不知道实例数量的情况下向上游转发 N% 的流量。

Web UI：Web UI 检查当前路由表。

Websocket 支持：Websocket 支持。

简单流程图如图 8-2 所示。

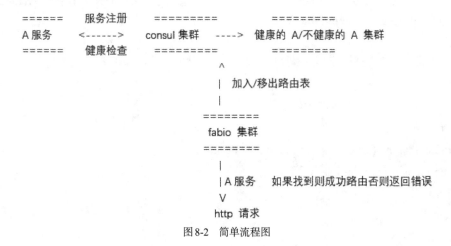

图 8-2　简单流程图

8.3　Istio

Istio（由 Google、IBM 和 Lyft 公司在背后支持）是目前最广为人知的一款服务网格架构。Kubernetes（由 Google 最早进行设计并开源）是目前 Istio 唯一支持的容器组织框架。官方对 Istio 的介绍浓缩成了一句话：

An open platform to connect，secure，control and observe services.

翻译过来就是"连接、安全加固、控制和观察服务的开放平台"。开放平台就是指它本身是开源的，服务对应的是微服务，也可以粗略地理解为单个应用。

1. Istio 模块

（1）Proxy（Envoy）

流量代理，其为核心模块，不可缺少用 C++ 开发，支持动态以及静态的 HTTP、HTTPS 和 TCP 代理。

（2）Pilot

服务发现、流量管理、智能路由等。Istio 的核心流量控制组件，主要负责流量管理。Pilot 管理了所有 Envoy 的代理实例（Sidecar），主要有以下功能。

● 从 K8S 或者其他平台注册中心回去服务信息，完成服务发现。

● 读取 Istio 的各项控制配置，在进行装换后将其发给数据组件进行实施。

● 数据组件 Sidecar 根据 Pilot 指令，完成路由、服务、监听和集群等配置。

（3）Mixer

遥测相关，主要预检查、汇报、策略控制、监控和日志收集等。主要工作流程：用户将 Mixer 配置发送到 Kubernetes 集群中；Mixer 通过对集群资源的监听，获取配置的变化；网格中的服务每次在调用前，都会向 Mixer 发出预检请求，查看是否允许执行。在服务完成调用后向 Mixer 发出报告信息，汇报在调用过程中产生的监控跟踪数据；Mixer 中包含多个 Adapter 组件，这些组件用来处理在 Mixer 中接收的预检报告数据，完成 Mixer 的各项功能。

（4）Citadel

安全相关，服务之间访问鉴权等，主要用于证书管理和身份认证。

（5）Galley

Istio API 配置的校验、各种配置之间的统筹，为 Istio 提供配置管理服务，通过用 Kubernetes 的 Webhook 机制对 Pilot 和 Mixer 的配置进行验证。

（6）Sidecar（Envoy）

Istio 中的数据面，负责控制对服务网格控制的实际执行。服务网格是指用于微服务应用的可配置基础架构层（configurable infrastructure layer)。它使每个 service 实例之间的通信更加流畅、可靠和迅速。服务网格提供了诸如服务发现、负载均衡、加密、身份鉴定、授权、支持熔断器模式（Circuit Breaker Pattern) 以及其他一系列功能。

Istio 官方架构图如图 8-3 所示。

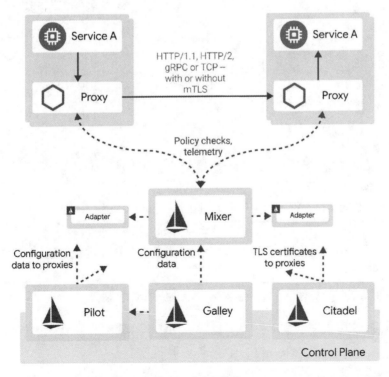

图8-3　官方架构图

2. Docker 运行 Envoy 路由配置实例

新建 envoy.yaml：

```yaml
admin:
  access_log_path: /tmp/admin_access.log
  address:
    socket_address: { address: 0.0.0.0, port_value: 8001 }
static_resources:
  listeners:
  - name: listener_0
    address:
      socket_address: { address: 0.0.0.0, port_value: 80 }
    filter_chains:
    - filters:
      - name: envoy.http_connection_manager
        config:
          stat_prefix: ingress_http
          codec_type: AUTO
          route_config:
            name: local_route
            virtual_hosts:
            - name: local_service
              domains: ["*"]
              routes:
              - match: { prefix: "/api" }
                route: { cluster: some_service }
          http_filters:
          - name: envoy.router
  clusters:
  - name: some_service
    connect_timeout: 0.25s
    lb_policy: ROUND_ROBIN
    type: STRICT_DNS
    hosts: [{ socket_address: { address: 0.0.0.0, port_value: 7000 }}]
```

当请求 API，就会将负载均衡转发到 some_service 后端服务。

新建一个 DockFile 文件，把配置文件复制进去：

```
FROM envoyproxy/envoy-dev:8c2019ab978820688ebba729bbd82d418d2be488
COPY envoy.yaml /etc/envoy/envoy.yaml
```

生成一个 Docker：

```
$ docker build -t envoy:v1 .
```

运行：

```
$ docker run -d --name envoy -p 9901:9901 -p 10000:10000 envoy:v1
```

请求测试：

```
$ curl -v localhost:10000
```

第 9 章   API 网关开发实战

网关的核心是根据配置好的路由规则进行路由分发，代理实现分发功能。实现微服务网关需要的一个重要功能就是请求分发，分发到不同的集群服务，实现负载均衡，应付高并发的情况。其中分发就需要用到代理，有 HTTP 代理、HTTPS 代理和 TCP 代理。

9.1 HTTP 正向代理

正向代理隐藏了真实客户端向服务器发送请求，反向代理隐藏了真实服务器向客户端提供服务。

下面这段代码比较直观，只包含了最核心的代码逻辑。一共分成几个步骤：代理接收到客户端的请求，复制了原来的请求对象，并根据数据配置新请求的各种参数（添加 X-Forward-For 头部等）；把新请求发送到服务器端，并接收到服务器端返回的响应；代理服务器对响应做一些处理，然后返回给客户端。代码如下：

```
package main

import (
    "fmt"
    "io"
    "net"
    "net/http"
    "strings"
)

type Pxy struct{}

func (p *Pxy) ServeHTTP(rw http.ResponseWriter, req *http.Request) {
    fmt.Printf("Received request %s %s %s\n", req.Method, req.Host, req.RemoteAddr)
    transport := http.DefaultTransport
    // step 1
```

```go
    outReq := new(http.Request)
    *outReq = *req // this only does shallow copies of maps

    if clientIP, _, err := net.SplitHostPort(req.RemoteAddr); err == nil {
        if prior, ok := outReq.Header["X-Forwarded-For"]; ok {
            clientIP = strings.Join(prior, ", ") + ", " + clientIP
        }
    // 网关转发要把前端的 IP 加到 X-Forwarded-For，不然后端无法获取前端的来源 IP
        outReq.Header.Set("X-Forwarded-For", clientIP)
    }
    // step 2
    //Transport.roundTrip 是主入口，它通过传入一个 request 参数
    // 由此选择一个合适的长连接来发送该 request 并返回 response
    res, err := transport.RoundTrip(outReq)
    if err != nil {
        rw.WriteHeader(http.StatusBadGateway)
        return
    }
    // step 3
    for key, value := range res.Header {
        for _, v := range value {
            rw.Header().Add(key, v)
        }
    }
    rw.WriteHeader(res.StatusCode)
    // 复制
    io.Copy(rw, res.Body)
    res.Body.Close()
}

func main() {
    fmt.Println("Serve on :8080")
    http.Handle("/", &Pxy{})
    http.ListenAndServe("0.0.0.0:8080", nil)
}
```

9.2 HTTP 反向代理

　　Golang 已经给我们提供了编写代理的框架，即 httputil.ReverseProxy。这部分我们会实现一个简单的反向代理，它能够对请求实现负载均衡，随机地把请求发送给某些配置好的后端服务器。使用 httputil.ReverseProxy 编写反向代理最重要的就是实现它自己的 Director 对象，GoDoc 对它的

介绍原文如下：

Director must be a function which modifies the request into a new request to be sent using Transport. Its response is then copied back to the original client unmodified. Director must not access the provided Request after returning.

翻译过来即 Director 是一个函数，它接受一个请求作为参数，然后对其进行修改。修改后的请求将实际发送给服务器端，因此我们编写自己的 Director 函数，并每次把请求的 Scheme 和 Host 修改成某个后端服务器的地址，就实现了负载均衡的效果。代码如下：

```go
/*
反向代理隐藏了真实服务器向客户端提供服务
*/
package main

import (
    "log"
    "math/rand"
    "net/http"
    "net/http/httputil"
    "net/url"
)

func ReverseProxy(targets []*url.URL) *httputil.ReverseProxy {
// 从后端服务器随机选一台进行转发
    director := func(req *http.Request) {
        targethost := targets[rand.Int()%len(targets)]
        req.URL.Scheme = targethost.Scheme
        req.URL.Host = targethost.Host
        req.URL.Path = targethost.Path
    }

    return &httputil.ReverseProxy{Director: director}
}

// 它能够对请求实现负载均衡，随机地把请求发送给某些配置好的后端服务器
func main() {
    proxy := ReverseProxy([]*url.URL{
        {
            Scheme: "http",
            Host:   "127.0.0.1:9091",
        },
        {
            Scheme: "http",
            Host:   "127.0.0.2:9092",
        },
```

```
    })
// 开启代理服务
    log.Fatal(http.ListenAndServe(":9090", proxy))
}
```

9.3 动态注册的 HTTP 代理

随着服务的扩展以及并发量的提升，必须增加服务器来应对请求量的暴增，增加服务和删除服务都不能对原来的业务有任何影响，这就需要动态地服务注册和服务发现。服务关机后要把它从可用的服务列表中移除，确保请求分发不会转发到不可用的服务后端。

下面举一个简单的例子，代码如下：

```go
package main

import (
    "fmt"
    "log"
    "net/http"

    "github.com/creack/goproxy"
    "github.com/creack/goproxy/registry"
)

// ServiceRegistry is a local registry of services/versions
var ServiceRegistry = registry.DefaultRegistry{
    "service1": {
        "v1": {
            "localhost:9091",
            "localhost:9092",
        },
    },
}

func main() {

    http.HandleFunc("/", goproxy.NewMultipleHostReverseProxy(ServiceRegistry))
    http.HandleFunc("/health", func(w http.ResponseWriter, req *http.Request) {
        fmt.Fprintf(w, "%v\n", ServiceRegistry)
    })
    // 增加服务，这里可以选择从一个数据库加载服务列表，再做一个管理系统管理这些服务即可
    // 可以把这些配置存储到 ETCD 数据库，用它的 watch 接口监听数据的变化进行动态路由
```

```
        ServiceRegistry.Add("service1", "v1", "10.10.10.1:9091")
        ServiceRegistry.Add("service2", "v1", "10.10.10.2:9091")
        ServiceRegistry.Add("service3", "v1", "10.10.10.3:9091")
        ServiceRegistry.Add("service1", "v1", "10.10.10.4:9091")
        // 删除服务，可以用心跳做一个服务健康检查，服务是不可用或者超时，就可以删除

        ServiceRegistry.Delete("service1", "v1", "10.10.10.1:9091")
        ServiceRegistry.Delete("service2", "v1", "10.10.10.2:9091")
        ServiceRegistry.Delete("service3", "v1", "10.10.10.3:9091")
        ServiceRegistry.Delete("service1", "v1", "10.10.10.4:9091")
        // 根据名称和版本号返回可用的服务列表
        ServiceRegistry.Lookup("service4", "v1")

        println("ready")
        log.Fatal(http.ListenAndServe(":9090", nil))
}


/*
动态增加、删除主机
// 注册表是用于查找目标主机的接口，对于给定的服务名称版本
type Registry interface {
        Add(name, version, endpoint string)
        // 将入口添加到注册表
        Delete(name, version, endpoint string)
        // 删除入口
        Failure(name, version, endpoint string, err error)
        // 将入口标记为失败
        Lookup(name, version string) ([]string, error)
        // 根据版本号返回入口列表
}
*/
```

这已经是一个微服务的基本原型了，用 ETCD 做服务注册和发现，再加上熔断等功能就是基本的微服务网关。

9.4　HTTPS 代理开发实践

HTTPS 网关比较复杂，可以在 HTTP 网关前置一个 Nginx，从而卸载 HTTPS，转为 HTTP 请求转发到 HTTP 网关，网关再转发到后端服务。

下面是一个简单的 HTTPS 代理例子，代码如下：

```go
package main

import (
    "crypto/tls"
    "flag"
    "io"
    "log"
    "net"
    "net/http"
    "time"
)

func handleTunneling(w http.ResponseWriter, r *http.Request) {
    dest_conn, err := net.DialTimeout("tcp", r.Host, 10*time.Second)
    if err != nil {
        http.Error(w, err.Error(), http.StatusServiceUnavailable)
        return
    }
    w.WriteHeader(http.StatusOK)
    hijacker, ok := w.(http.Hijacker)
/*
这是一段接管 HTTP 连接的代码，所谓的接管 HTTP 连接是指这里接管了 HTTP 的 Socket 连接。也就是说，
Golang 的内置 HTTP 库和 HTTPServer 库将不会管理这个 Socket 连接的生命周期，这个生命周期已经划
给了 Hijacker，Hijacker 不用重新建立连接或者重新构造 ClientConn 来设置 net.Conn 和 bufio，然后不
断地复用 net.Conn 和 bufio，并且自己管理。
    */
    if !ok {
    http.Error(w, "Hijacking not supported", http.StatusInternalServerError)
    return
    }
    client_conn, _, err := hijacker.Hijack()
    if err != nil {
        http.Error(w, err.Error(), http.StatusServiceUnavailable)
    }
    go transfer(dest_conn, client_conn)
    go transfer(client_conn, dest_conn)
}
func transfer(destination io.WriteCloser, source io.ReadCloser) {
    defer destination.Close()
    defer source.Close()
    io.Copy(destination, source)
}
func handleHTTP(w http.ResponseWriter, req *http.Request) {
    resp, err := http.DefaultTransport.RoundTrip(req)
    if err != nil {
        http.Error(w, err.Error(), http.StatusServiceUnavailable)
```

```
            return
        }
    defer resp.Body.Close()
    copyHeader(w.Header(), resp.Header)
    w.WriteHeader(resp.StatusCode)
    io.Copy(w, resp.Body)
}
func copyHeader(dst, src http.Header) {
// 复制HTTP头
    for k, vv := range src {
        for _, v := range vv {
            dst.Add(k, v)
        }
    }
}
func main() {
    // 证书参考前面的章节生成
    var pemPath string
    flag.StringVar(&pemPath, "pem", "server.pem", "path to pem file")
    var keyPath string
    flag.StringVar(&keyPath, "key", "server.key", "path to key file")
    var proto string
    flag.StringVar(&proto, "proto", "https", "Proxy protocol (http or https)")
    flag.Parse()
    if proto != "http" && proto != "https" {
        log.Fatal("Protocol must be either http or https")
    }
    server := &http.Server{
        Addr: ":8888",
        Handler: http.HandlerFunc(func(w http.ResponseWriter, r *http.Request) {
            if r.Method == http.MethodConnect {
                         // 如果是请求连接就接管连接
                handleTunneling(w, r)
            } else {
                handleHTTP(w, r)
            }
        }),
        // Disable HTTP/2.
        TLSNextProto: make(map[string]func(*http.Server, *tls.Conn, http.Handler)),
    }
    if proto == "http" {
        log.Fatal(server.ListenAndServe())
    } else {
        log.Fatal(server.ListenAndServeTLS(pemPath, keyPath))
    }
}
```

9.5 TCP 代理开发实践

完整示例代码如下：

```go
package main

import (
    "bytes"
    "encoding/hex"
    "flag"
    "fmt"
    "io"
    "log"
    "net"
)

var localAddr *string = flag.String("l", "localhost:9999", "local address")
var remoteAddr *string = flag.String("r", "localhost:80", "remote address")

func proxyConn(conn *net.TCPConn) {
    rAddr, err := net.ResolveTCPAddr("tcp", *remoteAddr)
    if err != nil {
        panic(err)
    }

    rConn, err := net.DialTCP("tcp", nil, rAddr)
    if err != nil {
        panic(err)
    }
    defer rConn.Close()

    buf := &bytes.Buffer{}
    for {
        data := make([]byte, 256)
        n, err := conn.Read(data)
        if err != nil {
            panic(err)
        }
        buf.Write(data[:n])
        if data[0] == 13 && data[1] == 10 {
            break
        }
    }
    // 先把数据读出来再转发
```

```go
    if _, err := rConn.Write(buf.Bytes()); err != nil {
        panic(err)
    }
    log.Printf("sent:\n%v", hex.Dump(buf.Bytes()))

    data := make([]byte, 1024)
    n, err := rConn.Read(data)
    if err != nil {
        if err != io.EOF {
            panic(err)
        } else {
            log.Printf("received err: %v", err)
        }
    }
    log.Printf("received:\n%v", hex.Dump(data[:n]))
}

func handleConn(in <-chan *net.TCPConn, out chan<- *net.TCPConn) {
    for conn := range in {
        proxyConn(conn)
        out <- conn
    }
}

func closeConn(in <-chan *net.TCPConn) {
    for conn := range in {
        conn.Close()
    }
}

func main() {
    flag.Parse()

    fmt.Printf("Listening: %v\nProxying: %v\n\n", *localAddr, *remoteAddr)

    addr, err := net.ResolveTCPAddr("tcp", *localAddr)
    if err != nil {
        panic(err)
    }

    listener, err := net.ListenTCP("tcp", addr)
    if err != nil {
        panic(err)
    }
```

```
        pending, complete := make(chan *net.TCPConn), make(chan *net.TCPConn)

        for i := 0; i < 5; i++ {
            go handleConn(pending, complete)
        }
        go closeConn(complete)

        for {
            conn, err := listener.AcceptTCP()
            if err != nil {
                panic(err)
            }
            pending <- conn
        }
    }
```

用 inet.af/tcpproxy 实现一个简单的 TCP 代理，代码如下：

```
package main

import (
    "log"

    "github.com/inetaf/tcpproxy"
)

func main() {

    var p tcpproxy.Proxy
    p.AddHTTPHostRoute(":80", "foo.com", tcpproxy.To("10.0.0.1:8081"))
    p.AddHTTPHostRoute(":80", "bar.com", tcpproxy.To("10.0.0.2:8082"))
    p.AddRoute(":80", tcpproxy.To("10.0.0.1:8081")) // fallback
    p.AddSNIRoute(":443", "foo.com", tcpproxy.To("10.0.0.1:4431"))
    p.AddSNIRoute(":443", "bar.com", tcpproxy.To("10.0.0.2:4432"))
    p.AddRoute(":443", tcpproxy.To("10.0.0.1:4431")) // fallback
    log.Fatal(p.Run())
}
```

9.6　SNI 代理网关

SNI（Server Name Indication）是为了解决一个服务器使用多个域名和证书的 SSL/TLS 扩展，

它的工作原理：在连接到服务器建立 SSL 链接之前先发送要访问站点的域名（Hostname），这样服务器根据这个域名返回一个合适的证书。代码如下：

```go
package main

import (
    "bytes"
    "crypto/tls"
    "io"
    "log"
    "net"
    "strings"
    "sync"
    "time"
)

func main() {
    l, err := net.Listen("tcp", ":443")
    if err != nil {
        log.Fatal(err)
    }
    for {
        conn, err := l.Accept()
        if err != nil {
            log.Print(err)
            continue
        }
        go handleConnection(conn)
    }
}

func peekClientHello(reader io.Reader) (*tls.ClientHelloInfo, io.Reader, error) {
    peekedBytes := new(bytes.Buffer)
    hello, err := readClientHello(io.TeeReader(reader, peekedBytes))
    if err != nil {
        return nil, nil, err
    }
    return hello, io.MultiReader(peekedBytes, reader), nil
}

type readOnlyConn struct {
    reader io.Reader
}

func (conn readOnlyConn) Read(p []byte) (int, error) { return conn.reader.Read(p) }
```

```go
func (conn readOnlyConn) Write(p []byte) (int, error) { return 0, io.ErrClosedPipe }
func (conn readOnlyConn) Close() error                { return nil }
func (conn readOnlyConn) LocalAddr() net.Addr         { return nil }
func (conn readOnlyConn) RemoteAddr() net.Addr        { return nil }
func (conn readOnlyConn) SetDeadline(t time.Time) error      { return nil }
func (conn readOnlyConn) SetReadDeadline(t time.Time) error  { return nil }
func (conn readOnlyConn) SetWriteDeadline(t time.Time) error { return nil }

func readClientHello(reader io.Reader) (*tls.ClientHelloInfo, error) {
    var hello *tls.ClientHelloInfo

    err := tls.Server(readOnlyConn{reader: reader}, &tls.Config{
        GetConfigForClient: func(argHello *tls.ClientHelloInfo) (*tls.Config, error) {
            hello = new(tls.ClientHelloInfo)
            *hello = *argHello
            return nil, nil
        },
    }).Handshake()
    if hello == nil {
        return nil, err
    }
    return hello, nil
}

func handleConnection(clientConn net.Conn) {
    defer clientConn.Close()
    if err := clientConn.SetReadDeadline(time.Now().Add(5 * time.Second)); err != nil {
        log.Print(err)
        return
    }
    clientHello, clientReader, err := peekClientHello(clientConn)
    if err != nil {
        log.Print(err)
        return
    }
    if err := clientConn.SetReadDeadline(time.Time{}); err != nil {
        log.Print(err)
        return
    }
    if !strings.HasSuffix(clientHello.ServerName, ".internal.example.com") {
        log.Print("Blocking connection to unauthorized backend")
        return
    }
    // 根据ServerName创建一个后端连接
    backendConn, err := net.DialTimeout("tcp", net.JoinHostPort(clientHello.ServerName,
```

```
    "443"), 5*time.Second)
    if err != nil {
        log.Print(err)
        return
    }
    defer backendConn.Close()
    var wg sync.WaitGroup
    wg.Add(2)
    go func() {
        // 复制前端请求到后端
        io.Copy(clientConn, backendConn)
        clientConn.(*net.TCPConn).CloseWrite()
        wg.Done()
    }()
    go func() {
        // 返回请求给请求端
        io.Copy(backendConn, clientReader)
        backendConn.(*net.TCPConn).CloseWrite()
        wg.Done()
    }()
    wg.Wait()
}
```

9.7 总 结

微服务实现可以有以下三种方式。

（1）不想修改目前的架构和 HTTP API 时，就用传统的 API 接入一个 API 网关，实现服务注册发现。

（2）使用 Go Micro 框架，运行就可以自动注册和发现服务。没有配置管理系统，需要重构目前的 HTTP API。

（3）使用 K8S，用它的 ingress → service → pod 实现服务注册和发现以及均衡负载。

微服务是一个体系，包括服务注册与发现、服务消费、服务保护与熔断、网关、分布式调用追踪以及分布式配置管理等。

第 10 章　Go 与区块链

10.1　Go 与区块链技术

Go 语言是区块链技术主要的编程语言，开源在 Github 上的以太坊 go-ethereum 代码是 Go 语言实现区块链的技术典范。由 Linux 基金会发起创建的开源区块链分布式账本 Hyperledger Fabric，是完全用 Go 语言实现的，主要代码由 IBM、Intel 和各大银行等贡献，可以广泛运用在私有链和联盟链上，国内有众多大公司加入了 Hyperledger 联盟。

1. 区块链是什么

区块链本质上是一个去中心化的分布式账本数据库，这个账本就是区块；把区块连起来，就是区块链。在区块链网络中，所有人都拿着一份相同且实时更新的账本。链上的每个节点都是中心，由全网节点通过共识来共同维护。在区块链匿名网络中，只有私钥才是唯一证明，只要转账时附上自己私钥生成的电子签名，就能确认这笔转账且有效。

区块链能够解决人与人、企业与企业之间的信任问题（因为数据不可篡改），建立起无须纸质契约的协作关系。

2. 智能合约编程语言

Solidity 是最流行的描述智能合约的语言，有丰富的例子、文档和相关教程。可以使用基于浏览器的 Remix IDE 来进行快速验证。

3. 掌握区块链的 Go 程序员的优势

（1）掌握了比特币的原理，能够发行自己的数字货币。

（2）掌握了以太坊智能合约 DApp 的开发，这是未来区块链最大的蓝海。

（3）掌握了超级账本和联盟链的开发，可以促进企业间的交易和协作，这一领域正在迅速落地。

（4）懂区块链的程序员，更懂得传统业务如何向区块链积极转型，公司更需要这样复合型的人才。

10.2　公链、私链、联盟链、侧链与钱包

区块链包含关系如图 10-1 所示。

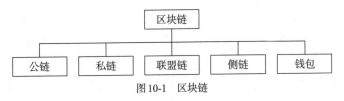

图 10-1　区块链

10.2.1　公链

公链的全称是公有链，英文名是 Public blockchains，是指全世界的任何人都可读取、发送交易且交易能获得有效确认，也可以参与其中共识过程的区块链。去中心化的公链通过共识机制和代币奖励机制来鼓励参与者（节点）竞争记账，共同维护链上数据的安全性。

公链的安全有工作量证明机制（pow）或权益证明机制（pos）等方式负责维护。一般原则是完全去中心化，即每个人可从中获得的经济奖励与对共识过程中做出的贡献成比例。

比特币是世界上第一个共有链，比特币、以太坊是时下最流行的公有链。其他知名的公链还有 Tron TRX、ONT、Cardano ADA、AE、NEO、QTUM、ThunderCore TT 和 Zilliqa 等。

以太坊是一个全新开放的区块链平台，它允许任何人在平台中建立和使用通过区块链技术运行的去中心化应用。以太坊是可编程的区块链，允许用户按照自己的意愿创建复杂的操作，可以作为多种类型去中心化区块链应用的平台。

公链当前面临的最大问题是安全和效率的矛盾，即如何在去中心化程度和高 TPS 两者之间取得平衡，最典型的代表为 ETH 和 EOS 之争。任何人都可以采用开源的 BTC 或 ETH 代码，复制并启动一个新的公链，关键是能否得到广泛认可（共识）。

公链的特点如下。

①中立、开放、去中心化。

②不可更改、不可撤销。

③拥有网络效应。

④抗审性高。

10.2.2　私链

私链全称为私有链，英文名是 Private blockchain，又称无代币区块链（Token-less blockchain），适用于数据管理、审计等金融场景。私有链的读写权限被某个组织或机构所控，由该组织根据自身需求决定区块链的公开程度。完全私有的区块链，是指读写权限仅在一个组织手中的区块链。

可以对读取权限进行任意程度限制。比如管理、审计甚至一家企业。

加入私有链需要得到相关组织或者个人的授权，资质要求较严格，在链上传输数据的同时，由于不需要对节点进行安全检查，信息确认和同步更快，从而保证了私有链链上交易的处理速度，这十分符合大型企业和金融公司日常工作的需求。

私有链牺牲了去中心化，保证了链条运行的高效和安全。在金融领域的项目应用里，相对更中心化的私有链是有一定应用价值的。私有链比公有链更快、更便宜，因为不需要花费大量的精力、时间和金钱来达成共识。但相对的也不安全、不透明。

随着区块链技术应用越来越成熟、侧链和跨链技术的发展，链与链之间的界限也将不断突破，将向着更加开放的方向发展，几种不同种类的区块链也能够通过协作来解决更多问题。

私链的特点如下。

①规则易于修改（余额、交易等）。

②交易成本低（交易只需几个可信节点验证即可）。

③读取权限受限。

④中心化更高效、安全，适用于数据管理和审计等金融场景。

10.2.3　联盟链

联盟链是指有若干机构或组织共同参与管理的区块链，他们各自运行着一个或多个节点，其中的数据只允许系统内不同的机构进行读取和发送交易，并且共同记录交易数据。联盟链介于公有链和私有链之间，本质上仍然属于一种私有链，由于其节点不多达成共识更容易，因此交易速度也快。适用于不同主体间的交易和结算等，使用群体主要有银行、保险、证券、商业协会、集团企业及上下游企业等。

联盟链可视为部分去中心化，在某种程度上只属于联盟内部的成员所有，节点数有限，相对容易达成共识。不同于公有链，联盟链数据只限于联盟中的机构及其用户才有权限进行访问，只要所有机构中的大部分达成共识，即可更改区块数据。

联盟链特点如下。

①部分去中心化。

②可控性较强，数据可更改。

③数据不会默认公开。

④交易速度很快。

10.2.4　侧链

侧链（Sidechain）将不同的区块链互相连接在一起，以便实现区块链的扩展和资产的互相转移。侧链完全独立于比特币区块链，侧链协议则让比特币安全地从比特币主链转移到其他区块链，又可以从其他区块链安全地返回比特币主链的协议。侧链可以在小范围内达成共识，加快交易速度，降低交易成本，提升交易速度。比如闪电网络把很多交易放在侧链上，只有在做清算时才用主链，可以极大地提升交易速度，同时不增加主链的负担。

侧链可以为主链拓展不同的功能。例如，智能合约、隐私性等，主链生态上的应用用户可以直接持有主链 Token 即可体验不同功能的侧链服务，从而进一步扩展了区块链技术的应用范围和创新空间。侧链的代码和数据独立，不会增加主链的负担，从而避免数据过度膨胀，是一种天然的分片机制。

侧链有独立的区块链，有独立的受托人或见证人，同时也有独立的节点网络，一个侧链产生的区块只会在所有安装了该侧链的节点之间进行广播，侧链需要有足够多的节点，才能保证安全性。

侧链的特点如下：

①将不同的区块链互相连接在一起，方便资产的扩展和互相转移。

②完全独立于比特币区块链，极大地提升交易速度，同时不会增加主链的负担。

③可以为主链拓展不同的功能，提供不同的服务。

④需要有足够多的节点来运行它保证安全性。

10.2.5 钱包

区块链钱包的分类和基本原理如图 10-2 所示。

数字钱包本身是一种软件，存储相关的虚拟货币信息，其中包括地址、私钥和交易记录等。怎么保存你的数字资产是一个首要的问题，除了将资产放在交易所，还可以放到你的钱包里。

1. 钱包的基本原理

钱包助记词生成了种子（Seed），种子（Seed）生成了私钥，私钥推导出公钥，公钥节选部分成了钱包地址。私钥加密后的文件 KeyStore 可以配合正常的密码使用，方便使用正常。

2. 根据支持的加密货币种类分类

● 通用型：支持多种加密资产，比如 imToken。

● 专用型：只支持单一加密资产，比如 Bitcoin Core。

3. 根据是否连接网络分类

● 热钱包：联网的钱包，电脑钱包、手机钱包和在线钱包一般体现的都是实时可用性，更多地被称为热钱包，即实时在线，这样就存在被黑客攻击的风险。

● 冷钱包：不联网的离线钱包，硬件钱包作为常年离线保存，更多地称为冷钱包。硬件钱包往往需要购置单独的硬件设备，成本更多，同时便利性不如热钱包。

硬件钱包的优缺点如下。

①安全，因为私钥不触网，黑客无法通过网络攻击。另外，设备都有 PIN 码保护，即使在物理环境中设备被盗走，其他人也无法打开你的钱包。

②易备份，设备在初始化配置时会生成助记词（一般为 12 个或者 24 个单词），而助记词就是私钥的备份，当设备丢失或者损坏后，可以够买新的设备然后通过助记词来恢复私钥。

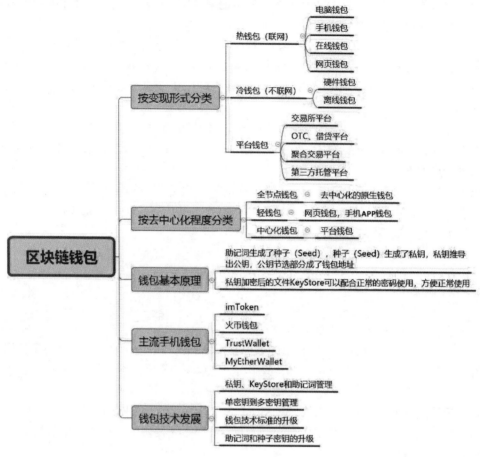

图10-2　区块链钱包

③同时管理多币种以及绝大多数硬件钱包，不仅仅可以管理比特币，莱特币、以太坊和比特现金等数字货币都可以同时被管理。

④无法独立使用。由于硬件钱包都是隔绝网络的，需要配合联网的客户端来完成收币和发币。

4.根据钱包私钥的存储方式与地点分类

● onchain 钱包：私钥存储在用户手中，钱包商无获取途径，用户可以实时地使用链上资产。

● offchain 钱包：私钥存储在钱包商或者交易所手中，用户不能直接使用链上资产而需要通过第三方才能使用。

（1）onchain 钱包——全节点钱包

私钥存储在用户手中，同时全节点钱包还保存了所有区块的数据，可以在本地直接验证交易数据的有效性。大部分全节点钱包同时具备挖矿功能，它自身也是区块链网络中的一个节点。

（2）onchain 钱包——SPV 轻钱包

私钥存储在用户手中，但不保存所有区块的数据，只保存与自己相关的数据，体积很小，可以在计算机、手机、网页等地方运行。

（3）offchain 钱包——通讨中心服务器访问区块链网络的钱包

钱包数据传输的方式是可以扩展选择区块链节点还是必须诵过钱包服务方的服务器？如果是后者就存在私钥存储在中心化服务器的风险，目前有很多区块链钱包都很不错，也很流畅，但因为不开源所以无法排除该类风险。

（4）offchain 钱包——第三方托管钱包

完全依赖运行这个钱包的公司和服务器，存在某个组织或者个体的钱包地址里，中心化交易所里的 Cryptocurrency 就是在交易所钱包里保存的。用户私钥控制在平台手上，存在平台作恶风险和跑路风险。

5. 钱包的选择

目前主流手机钱包有 imToken、火币钱包、TrustWallet（已被币安收购）和 MyEtherWallet 等。imToken 是开源的钱包，目前使用的人也比较多，也比较令人放心。支持创建导入 BTC 钱包、ETH 钱包和 EOS 钱包，同时其他的扩展应用也在不断地增加。而且网上教程丰富，是适合新手的钱包。

应用最广的网页钱包：MetaMask 钱包属于谷歌浏览器的一个插件，使用谷歌浏览器进行下载注册即可使用，适合新手做测试，发币使用。

● 从安全性角度看：冷钱包 > 热钱包 > 平台。

● 从便捷性看：平台 > 热钱包 > 冷钱包。

把数字资产放在钱包中，虽然相对比较安全，但不能实现实时交易，链上转载也需要比较长时间，同时转载手续费也比较高，如果需要经常交易的资产，则可选择放在交易平台中。

6. 钱包技术的发展

随着钱包技术的发展，在数字钱包中有很多创新和优化的技术应用，朝着更安全、更方便使用的方向发展。比如：

①私钥，KeyStore 和助记词管理。

②单密钥到多密钥管理。

③钱包技术标准的升级，BIP39-BIP44 持续升级。

④助记词和种子密钥的升级。

10.3　Go 以太坊开发介绍

1. 以太坊介绍

以太坊是一个开源的基于区块链的分布式计算平台和具备智能合约功能的操作系统。允许开发者创建完全去中心化运行的应用程序，同时没有单个实体可以将其删除或修改。部署到以太坊上的每个应用都由以太坊网络上的每个完整客户端执行。

2. Go 以太坊开发

Go-ethereum 也被简称为 Geth，是最流行的以太坊客户端，官网：https://github.com/ethereum/

go-ethereum。因此，使用 Go 的官方以太坊实现 go-ethereum 来和以太坊区块链进行交互是首选。由于 Geth 是用 Go 开发的，当使用 Golang 开发应用程序时，Geth 提供了读写区块链的一切功能。Go 以太坊开发主要内容如图 10-3 所示。

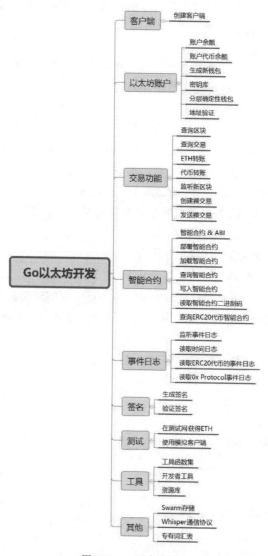

图10-3　Go以太坊开发

3. 区块浏览器

区块浏览器 Etherscan 是一个用于查看和深入研究区块链上数据的网站。这些类型的网站被称为区块浏览器，因为它们允许查看区块（包含交易）的内容。区块是区块链的基础构成要素，区块头和区块体是区块链的组成部分，包含这个时间段内所有的交易数据。区块浏览器也允许查看智能合约执行期间释放的事件以及诸如支付的 Gas 和交易的以太币数量等。

4. 开发者工具

- Truffle
- Infura
- Remix IDE
- Keccak-256 Online

5. 资源库

- go-ethereum
- go-solidity-sha3
- go-ethereum-hdwallet
- go-ethutil

6. 创建客户端示例

用 Go 初始化以太坊客户端是和区块链交互所需的基本步骤。若没有本地客户端，可以连接到 Infura 网关。Infura 管理着一批安全、可靠和可扩展的以太坊 [geth 和 parity] 节点，并且在接入以太坊网络时降低了新人的入门门槛：

```
client, err := ethclient.Dial("https://mainnet.infura.io")
```

对每个 Go 以太坊项目，使用 ethclient 是开始的必要事项。

（1）使用 Ganache

Ganache（正式名称为 testrpc）是一个用 Node.js 编写的以太坊实现，用于在本地开发去中心化应用程序时进行的测试。先通过 NPM 安装 Ganache：

```
npm install -g ganache-cli
```

然后运行 Ganache-cli 客户端，如图 10-4 所示（同一运行结果分两次截图）。

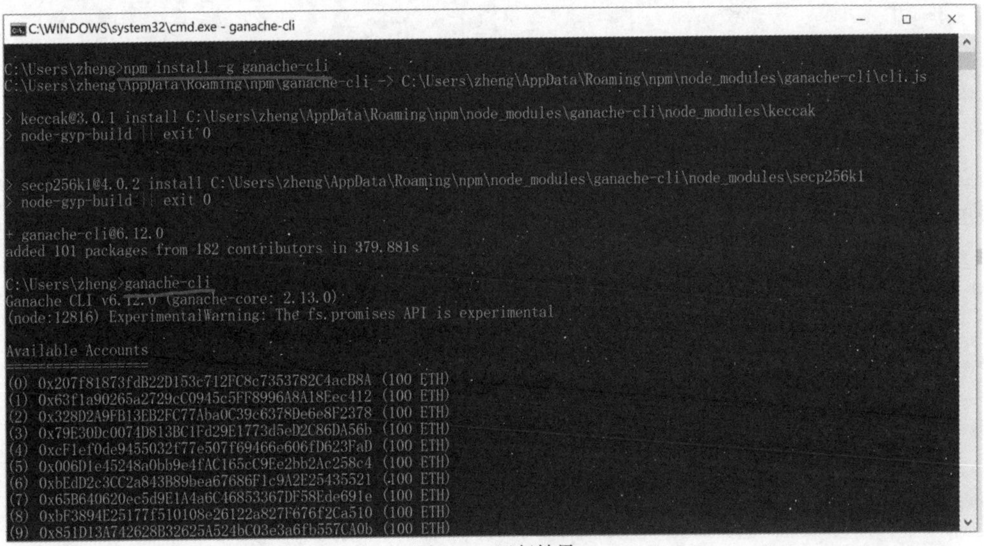

图10-4　运行结果

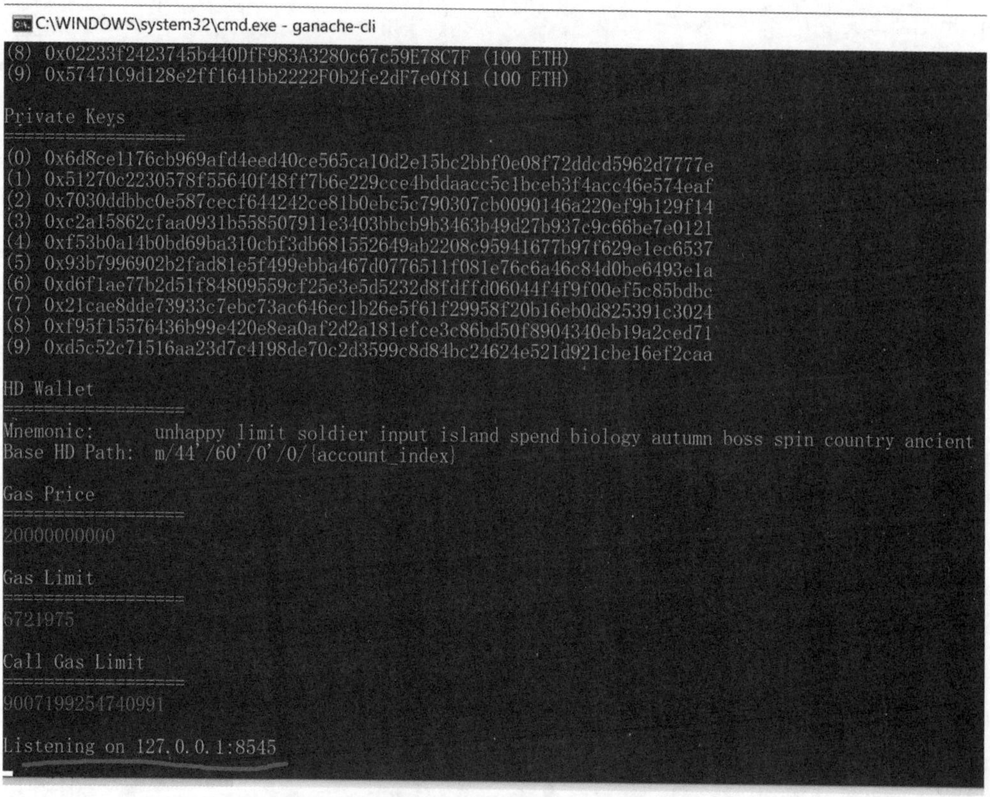

```
C:\WINDOWS\system32\cmd.exe - ganache-cli

(8) 0x02233f2423745b440DfF983A3280c67c59E78C7F (100 ETH)
(9) 0x57471C9d128e2ff1641bb2222F0b2fe2dF7e0f81 (100 ETH)

Private Keys

(0) 0x6d8ce1176cb969afd4eed40ce565ca10d2e15bc2bbf0e08f72ddcd5962d7777e
(1) 0x51270c2230578f55640f48ff7b6e229cce4bddaacc5c1bceb3f4acc46e574eaf
(2) 0x7030ddbbc0e587cecf644242ce81b0ebc5c790307cb0090146a220ef9b129f14
(3) 0xc2a15862cfaa0931b558507911e3403bbcb9b3463b49d27b937c9c66be7e0121
(4) 0xf53b0a14b0bd69ba310cbf3db681552649ab2208c95941677b97f629e1ec6537
(5) 0x93b7996902b2fad81e5f499ebba467d0776511f081e76c6a46c84d0be6493e1a
(6) 0xd6f1ae77b2d51f84809559cf25e3e5d5232d8fdffd06044f4f9f00ef5c85bdbc
(7) 0x21cae8dde73933c7ebc73ac646ec1b26e5f61f29958f20b16eb0d825391c3024
(8) 0xf95f15576436b99e420e8ea0af2d2a181efce3c86bd50f8904340eb19a2ced71
(9) 0xd5c52c71516aa23d7c4198de70c2d3599c8d84bc24624e521d921cbe16ef2caa

HD Wallet

Mnemonic:      unhappy limit soldier input island spend biology autumn boss spin country ancient
Base HD Path:  m/44'/60'/0'/0/{account_index}

Gas Price

20000000000

Gas Limit

6721975

Call Gas Limit

9007199254740991

Listening on 127.0.0.1:8545
```

图10-4 运行结果（续）

连到 http://localhost:8584 上的 ganache RPC 主机：

```
client, err := ethclient.Dial("http://localhost:8545")
if err != nil {
    log.Fatal(err)
}
```

在启动 Ganache 时，还可以使用相同的助记词来生成相同序列的公开地址：

```
ganache-cli -m "much repair shock carbon improve miss forget sock include bullet
interest solution"
```

（2）client.go 完整代码如下：

```
package main

import (
    "fmt"
    "log"


    "github.com/ethereum/go-ethereum/ethclient"
)
```

```
func main() {
    client, err := ethclient.Dial("https://mainnet.infura.io")
    if err != nil {
        log.Fatal(err)
    }

    fmt.Println("we have a connection")
    _ = client
}
```

7. 账户余额

读取一个账户的余额相当简单。调用客户端的 BalanceAt 方法，传递给它账户地址和可选的区块号。将区块号设置为 nil 将返回最新的余额。传递区块号可以读取该区块的账户余额。区块号必须是 big.Int 类型。

以太坊中的数字尽可能地使用小的单位来处理，因为它们是定点精度，在 ETH 中它是 Wei。要读取 ETH 值，必须计算 $Wei/10^{18}$。因为我们正在处理大数，得导入原生的 Gomath 和 math/big 包。

（1）待处理的余额

如果在提交或等待交易确认后，想知道待处理的账户余额是多少，可以调用接口：PendingBalanceAt，传入账户地址作为参数查询。

（2）account_balance.go 完整代码如下：

```
package main

import (
    "context"
    "fmt"
    "log"
    "math"
    "math/big"

    "github.com/ethereum/go-ethereum/common"
    "github.com/ethereum/go-ethereum/ethclient"
)

func main() {
    client, err := ethclient.Dial("https://mainnet.infura.io")
    if err != nil {
        log.Fatal(err)
    }

    account := common.HexToAddress("0x71c7656ec7ab88b098defb751b7401b5f6d8976f")
```

```
    balance, err := client.BalanceAt(context.Background(), account, nil)
    if err != nil {
        log.Fatal(err)
    }
    fmt.Println(balance)              // 25893180161173005034

    blockNumber := big.NewInt(5532993)
    balanceAt, err := client.BalanceAt(context.Background(), account, blockNumber)
    if err != nil {
        log.Fatal(err)
    }
    fmt.Println(balanceAt)            // 25729324269165216042

    fbalance := new(big.Float)
    fbalance.SetString(balanceAt.String())
    ethValue := new(big.Float).Quo(fbalance, big.NewFloat(math.Pow10(18)))
    fmt.Println(ethValue)            // 25.729324269165216041

    pendingBalance, err := client.PendingBalanceAt(context.Background(), account)
    fmt.Println(pendingBalance)      // 25729324269165216042
}
```

8. 运行代码

先下载需要的包（将下载到 Gopath 里面）：

```
go get github.com/ethereum/go-ethereum/common
go get github.com/ethereum/go-ethereum/ethclient
```

🔔 **注意：**

由于用命令下载速度很慢，容易导致部分文件下载失败，可以去 Github 上下载 zip 包，解压后放在 Gopath 相应的目录下。如果已经存在的则需要加 -u 参数更新，如 go get -u github.com/ethereum/go-ethereum/common。

Windows 运行环境中有很多问题，比如缺少依赖包、版本不兼容等，建议使用 Mac 或者 Centos 开发。

在存放代码的文件夹下执行运行命令：

```
go run account_balance.go
```

本节主要参考开源文档：https://goethereumbook.org/zh/，更多内容请访问该网址。

10.4　开源框架 Hyperledger Fabric 介绍

1. Hyperledger 简介

Hyperledger（超级账本）是一组开源工具，旨在构建一个强大的、业务驱动的区块链框架。不同于以太坊或比特币区块链，Hyperledger 不仅在于它们类型不同，属于无币区块链，内部机制也不同。Hyperledger 项目目前主要包括 Fabric、Sawtooth Lake、Iroha 和 Blockchain-explorer 四个子项目。

Hyperledger 网络关键要素如下。

①账本 Ledgers：存储了一系列块，这些块保留了所有状态交易的所有不可变历史记录。

②节点 Nodes：区块链的逻辑实体。

节点类型如下。

● 客户端 Clients：代表用户向网络提交事务的应用程序。

● 对等体 Peers：提交交易并维护分类账状态的实体。

● 排序者 Orderers：在客户端和对等体之间创建共享通信渠道，还将区块链交易打包成块发送给遵从的对等节点。

2. Hyperledger Fabric 简介

Hyperledger Fabric 是区块链中联盟链的优秀实现，主要代码由 IBM、Intel 和各大银行等贡献，V1.1 版的 Kafka 共识方式可达到 1000/s 的吞吐量。Fabric 支持智能合约，在 Hyperledger 中称为 Chaincodes 链码，这些合约描述并执行系统的应用程序逻辑。Fabric 不需要昂贵的挖矿计算来提交交易，因此它有助于构建在更短的延迟内进行区块链的扩展。

（1）Fabric 开发人员主要分为三类

①系统管理人员，负责系统底层网络的运维部署与维护。

②组织管理人员，负责证书、MSP 权限管理和共识机制等。

③业务开发人员负责编写 chaincode、创建维护 channel 和执行 transaction 交易等。如图 10-5 所示。

（2）Hyperledger Fabric 关键的设计功能

链码 Chaincode：类似于其他诸如以太坊网络中的智能合约。它是一种用更高级的语言编写的程序，在针对分类账当前状态的数据库中执行。

通道 Channels：用于在多个网络成员间共享机密信息的专用通信子网。每笔交易都在一个只有经过身份验证和授权的各方可见的通道上执行。

背书人 Endorsers：验证交易，调用链码，并将背书的交易结果返回给调用应用程序。

成员服务提供商 Membership Services Providers（MSP）通过颁发和验证证书来提供身份验证和身份验证过程。

MSP 确定信任哪些证书颁发机构（CA）去定义信任域的成员，并确定成员可能扮演的特定角色。

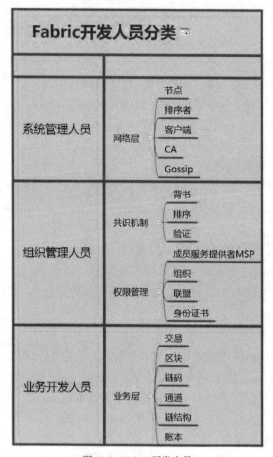

<table>
<tr><td colspan="3">Fabric开发人员分类</td></tr>
<tr><td>系统管理人员</td><td>网络层</td><td>节点
排序者
客户端
CA
Gossip</td></tr>
<tr><td rowspan="2">组织管理人员</td><td>共识机制</td><td>背书
排序
验证</td></tr>
<tr><td>权限管理</td><td>成员服务提供者MSP
组织
联盟
身份证书</td></tr>
<tr><td>业务开发人员</td><td>业务层</td><td>交易
区块
链码
通道
链结构
账本</td></tr>
</table>

图10-5　Fabric开发人员

（3）Fabric 核心架构

① Identity 身份管理，Fabric 是在设计上最贴近联盟链思想的区块链。联盟链考虑到商业应用对安全、隐私、监管、审计和性能的需求，提高准入门槛，成员必须被许可才能加入网络。Fabric成员管理服务为整个区块链网络提供身份管理、隐私、保密和可审计的服务。成员管理服务通过公钥基础设施 PKI 和去中心化共识机制使非许可制的区块链变成许可制的区块链。

② Smart Contract，Fabric 的智能合约 smart contract 被称为链码 chaincode，它是一段代码，处理网络成员同意的业务逻辑。Fabric 链码和底层账本是分开的，升级链码时并不需要迁移账本数据到新链码中，真正实现了逻辑与数据的分离。链码可采用 Go、Java 和 Node.js 语言编写。链码被编译成一个独立的应用程序，Fabric 用 Docker 容器来运行 chaincode，里面的 base 镜像都是经过签名验证的安全镜像，包括 OS 层和开发 chaincode 的语言、runtime 和 SDK 层。一旦chaincode 容器被启动，它就会通过 gRPC 与启动这个 chaincode 的 Peer 节点连接。

③ Ledger 账本包含 Blockchain 和 state。Blockchain 就是一系列连在一起的 Block，用来记录历史交易。state 对应账本的当前最新状态，它是一个 key-value 数据库，Fabric 默认采用 Level

DB，可以替换成其他的 Key-value 数据库，比如 Couch DB。Fabric 使用建立在 HTTP/2 上的 P2P 协议来管理分布式账本。采取可插拔的方式来根据具体需求来设置共识协议，比如 PBFT，Raft，PoW 和 PoS 等。

④ Transcation 交易包含部署交易和调用交易。部署交易是把 Chaincode 部署到 peer 节点上并准备好被调用，当一个部署交易成功执行时，Chaincode 就被部署到各个 peer 节点上。调用交易是客户端应用程序通过 Fabric 提供的 API 调用先前已部署好的某个 chaincode 的某个函数执行交易，并相应地读取和写入 kv 数据库，返回成功或者失败。

（4）Fabric 应用开发流程

①开发者创建客户端应用和智能合约（chaincode），chaincode 被部署到区块链网络的 Peer 节点上。

②通过 chaincode 操作账本，当你调用一个交易 transaction 时，实际上是在调用 chaincode 中的一个函数方法实现业务逻辑，并对账本进行 get、put 和 delete 操作。

③客户端应用提供用户交互界面，并提交交易到区块链网络上。

（5）Farbric 的优点

①完备的权限控制和安全保障。

②模块化设计，可插拔架构。

③高性能，可扩展，较低的信任要求。

④在不可更改的分布式账本上提供丰富的查询功能。

参考文献

［1］Google.https://github.com/golang/go/wiki/Modules.

［2］Google.https://gobyexample/com/.

［3］Google.https://golang.org/pkg/.

［4］Matt Holt.https://github.com/caddyserver/certmagic.

［5］Google.https://github.com/grpc/grpc-go.

［6］asim.https://github.com/asim/nitro.

［7］Docker.https://docs.docker.com/get-started/overview/.

［8］kubernetes.https://kubernetes.io/docs/concepts/services-networking/.

［9］Traefik Labs.https://docs.traefik.io/.

［10］eBay.Frank Schröder https://fabiolb.net.

［11］Google.https://golang.org/pkg/net/http/httputil/.

［12］Miguel Mota.Introduction Ethereum Development with Go.(2020).https://goethereumbook.org/zh/.